服装设计理论与实践

Fashion Design Theory and Practice

主　编　肖琼琼
　　　　肖宇强

副主编　朱　亮
　　　　李　艺
　　　　罗亚娟
　　　　甘晓露

参　编　廖　珍
　　　　钟苡君
　　　　唐祯珮
　　　　周　丹
　　　　李　燕

合肥工业大学出版社

U0295828

服装设计理论与实践
Fashion Design Theory and Practice

前言

　　本教材是高等院校艺术设计类规划教材。本教材于 2010 年由北京理工大学出版社出版第一版，受到了广大服装专业师生的好评，对培养服装专业高等人才起到了积极的作用。但随着高等教育改革的逐步深入，服装设计新观念、新技术、新材料、新工艺的不断更新，原教材的内容亟需更新。为了更好地满足教学的需要，我们组织一线教师对原教材进行了修订，力争使新教材更立足于现代服装教育及服装行业对人才的需求，从服装设计理论、服装设计规律及服装行业发展等综合角度，进行了全面、系统、整体的阐述，并在各章节后附有课后思考题，有利于拓展学生的专业知识、专业技能及开阔学生的视野、培养学生的想象力和创造性思维。本教材适用于高等院校服装设计、服装工程、服装设计与表演等专业的学生使用，也可作服装类培训以及服装专业从业人员和爱好者的参考书。

　　特别感谢湖南女子学院艺术设计系的部分教师和同学们对此书的撰写和插图提供素材，感谢合肥工业大学出版社的领导和编辑们，有你们的无私奉献和竭力帮助，这一书稿才能顺利再版和发行。由于时间和精力所限，书中尚有个别资料图片未能与著作权人取得联系，敬请有关作者看到此书后与我联系（Email：diorshaw@126.com），我们将按规定支付稿酬。最后，再次向被本书援引或借鉴的国内外参考文献和图片的作者们表示诚挚的感谢和深深的敬意，不足之处还请专家和读者不吝指正。

编者

2014 年 5 月

服装 Fashion Design
设计 Theory and Practice
理论与实践

目录

服装
设计
理论与实践

Fashion Design Theory and Practice

第一章
服装设计概述

第一节　服装设计的基本理论和研究范畴

人们都说："衣、食、住、行"，衣占在首位，由此可见服装已成为人们生活最基本的需求之一，而且它在整个社会精神生活和物质生活中占有举足轻重的地位，这点我们可以从以下三个方面来加以阐述。首先从人类学的角度来看，服装以其自身所具有的功能特征而成为人类生活的必需品；其次从美学的角度来看，服装还是人体着装后的一种状态，它通过人的自身气质，体型特征、肤色与服装的色彩、款式、材料的质感及发型、配饰和鞋袜的合理搭配，组成和谐美感，从而达到包装、美化人体的目的；最后从文化学的角度来看，服装的物质文明与精神文明构成了整个服装文化，体现了文化艺术与科学技术的协调发展水平。

一、服装的起源

在地球上的所有动物中，人类是唯一懂得穿衣服的动物，根据现在的人类学家及考古学家的研究结果推测，约在二百万年之前，地球上就有了人类。最初的原始人类体表覆有体毛，具有自然防护的机能，可适应环境、气候的生态变化。然而人类经过长年累月的进化过程之后，使人体的体毛逐渐退化脱落，露出表皮，为了适应气候的变化，保护身体不受风霜的侵袭、野兽的伤害，使人类想到利用生活资材，达到保暖，御防伤害、遮羞蔽体、装饰美化自身的目的，从而产生了服装。也可以说关于服装的起源，我们可以从上服装的产生过程中总结出三种具有代表性的服装起源说：保护说、羞耻说和装饰说。对于服装的起源说在服装概论中有详细的说明，因此，在本章节中就不加以特别的介绍。

二、服装的定义

对于服装的定义我们可以从广义和狭义两个方面加以阐述。广义上的服装是指依附于人体表面的一切可以装身的物品，其中包括衣、鞋、袜、帽子和其他的装饰物。这说明服装与人体存在直接的联系，服装的产生是以人体为依据，人体是服装的主要组成部分。从广义上所定义的服装概念来看，除了以上所说的以基本的纺织物为材料的服装之外，设计者们还

组图 1-1-1　新型材料的运用拓展设计（三宅一生作品）

将以塑料袋，碟片以及容器等为材料结合起来做成具有一定创意设计的服装，这样的创意设计可以开拓我们的设计思路，使我们能突破传统观念的束缚，尝试从造型、新型材料和新的组合搭配方式上去创造服装的新形式，使服装设计的范围更为广阔（如组图 1-1-1）。

　　狭义上的服装是指用纺织物等软性材料制成的人们日常所接触的生活用品，是人们生活中不可或缺的重要组成部分。与服装相关的概念还有衣服、被服、服饰（如图 1-1-2）、时装（如图 1-1-3）、成衣（如图 1-1-4）、装饰等，相对比较而言，"服装"这个词概括了以上的所有的与服装相关的概念而且更具有概括性，也更为常用。

图 1-1-2 服装与饰品

图 1-1-4 成衣的大众化设计

图 1-1-3 时装设计

三、服装设计的概念

服装设计所研究的对象是人，它是美化人体，表现人的个性、气质、修养的一种手段，因此服装设计以美化人体，更好地展现着装者的气质为第一目的。

服装设计是以服装为对象，运用恰当的设计语言、元素及方法，完成整个着装状态的创造过程。服装是与人们生活密不可分的物品，也是人们生活中的重要组成部分。设计的发展过程经历了从装饰设计、生产设计再到生活设计三个阶段，而服装设计的概念则是在服装进入了生产设计阶段才被确立的。随着设计经济的不断发展，人们的生活质量要求越来越高，人们的思维方式也越来越活跃，行为规范改革同时也产生了巨大的变化，由此促进了设计发展过程的不断更新与创造。由于人们受到人文思潮、时尚内容、法律道德等多种社会因素的影响，不同历史时期服装设计的表现手法和内容也各有所异。

服装设计作为一门综合性的实用艺术，既具有一般实用艺术所具备的特征，又在其研究内容、表现形式和设计手法上具有其独特的特点。

四、服装设计的主要内容

通常人们把服装设计理解为服装款式设计，其实服装设计所包含的内容除了服装款式设计之外还包括服装结构设计和服装工艺设计。一般专搞设计开发的设计师们都应掌握这三个方面的技能。但随着经济的发展，社会对所需人才的考核要求越来越高，而且工作的分工也不断的细化，并且采用以团队组合开发产品的形式来展现出个人的强项，因此，服装设计的工作也顺应社会的发展需要，分成了款式、结构、工艺三个方面，在大型的服装企业中则职责明确、分工细致，设计和技术人员各自独当一面。这也是大型服装公司追求产品设计精益求精的主要原因之一，因此可以把这三个方面的技术人才称之为服装设计师、打版师及样衣师。在小型的服装企业中，这种分工并不明显，通常一个设计师即担任款式设计的工作还要兼任打版等技术人员的工作，我们俗称为"通才"。

1、款式设计

人们将款式设计看成造型设计，其实款式设计由造型设计和色彩设计两部分组成，而且造型和色彩是分不开的。物体要给人们留下完整的印象必须通过色彩和造型来加以展现，而款式设计的中心任务是诠释流行和提供服装设计式样，在企业中负责款式设计的人员就是服装设计师。款式设计是一种创造性的设计，它要求服装设计师必须掌握人们的消费心理，借助于自身在学习和多年的实践中所掌握的美学、绘画等多种技艺，在人们的生活习俗、消费心理、季节气候变化的基础上设计服装。从而能够影响服装的流行趋势，美化人们的生活，推动生产消费等（如组图1-1-5）。

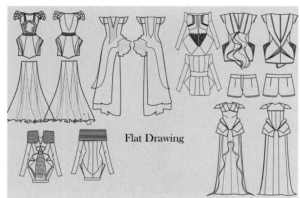

组图1-1-5 服装效果图及平面款式图的表现

２、结构设计

结构设计的目的是把款式设计由平面转化成立体空间的过程,是把服装的款式图分解成平面衣片结构图的一种设计形式,即服装裁剪制图。它是服装款式和制作工艺的中间环节,而且这个环节是至关重要的,不能省略,因为没有结构设计就不能实现工艺制作,就不能使一块面料变成一件衣服。结构设计的重要性在于既要保证实现服装款式设计师的设计意图,又要适当弥补在款式设计中存在的不足,同时还必须考虑工艺设计的合理性和工业生产的可操作性。所以在服装企业中,我们通常把结构设计师称之为打版师(如组图 1-1-6 服装结构设计图)。

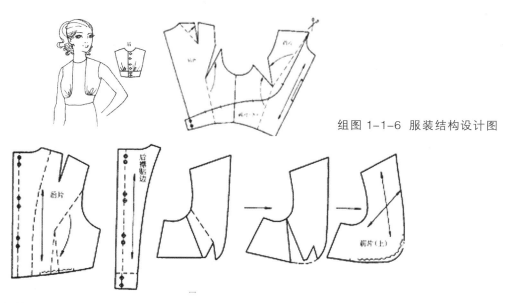

组图 1-1-6 服装结构设计图

３、工艺设计

工艺设计的主要任务是把结构设计的结果安排到合理的生产规范中。它包括服装工艺流程与产品尺码规格的制定、辅料的配用、缝合方式与定型方式的选择、工艺技术措施的选用以及成品质量检验标准等。工艺设计的合理性不仅影响到服装产品的质量,而且还影响到厂商一切以利益为重的生产成本,服装企业中通常所说的样衣师、工艺师就是负责工艺设计的人(如表 1-1)。

表 1-1 服装设计各内容的特点和相互的关系

名称	特点	思维作用	表达方式
款式设计	是整个设计的先导环节,确定服装造型、色彩及面料的选择	借助于手绘款式图和计算机辅助设计软件形式加以表达	服装设计图稿
结构设计	是整个设计过程的过渡环节,直接关系到款式设计的成败	借助于平面结构制图或是立裁的工程性逻辑思维	平面制图或是立体裁剪
工艺设计	整个设计的实物环节,是指导服装生产和保证产品质量的重要手段	制定工艺流程的工程性逻辑思维	文字、符号、图表、标准

五、服装设计的基本要素

服装是一门综合性的实用艺术,它体现了服装的材质、色彩、款式、结构和制作工艺等多方面的整体协调美,其中款式、色彩、面料在服装设计中占主导地位,所以称之为服装设计的三大构成要素。

１、款式

所谓款式就是指服装的内部和外部造型。这里主要是指从造型角度所呈现的构成服装的形式,也是服装造型设计的主要内容。款式设计的重点包括外轮廓结构设计、内部线条分割的细节设计和零部件设计等三个方面。

外部轮廓决定服装整体造型的特征,服装外轮廓主要是指服装的外部造型。外轮廓所表现的是一种单一的形态,无论服装的款式结构如何新颖复杂,首先映入人们眼帘的都是服装的外轮廓线,它能直观地传达服装的最基本的特征。

服装上的结构线主要是裁片分割线,是服装内部线条分割的细节设计,它的产生是以人体的体型特征为依据,重点在于塑造出服装的结构美感,从而能更好地突出人体的形体美,如省道线、公主分割线、背缝线等都是使服装形成立体效果的重要线条。结构线合理协调的运用,能更好地体现服装的简练、高雅、潇洒、活泼、成熟、可爱,符合现代人的审美观。

服装零部件也是构成服装款式的主要内容之一,一般是指领子、袖子、口袋、腰头、纽扣及其他附件。部件的设计既要强调服装结构原理的功能性和装饰性,又要使其布局效果符合美学原理,以形式美法则协调相统一的原则加以设计,从而完善服装的艺术风格(如图 1-1-7)。

图 1-1-7 服装结构线对称设计

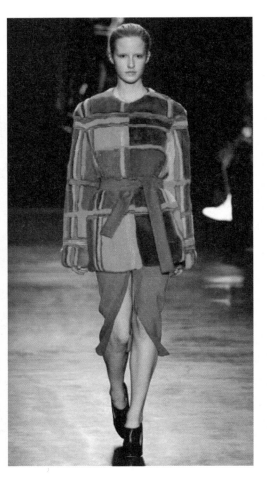

图 1-1-8 服装色彩的合理搭配

2、色彩

色彩在服装要素中占有一定的地位,人们在选择服装时服装的色彩是吸引消费者眼球的一大亮点,服装中的色彩给人以强烈的感觉,带给人不同的视觉效果和心理感受,从而使人产生不同的联想和美感,人们通过服装的色彩来表达自己的情感和表现出自己的性格特点,如白色的晚礼服使人感觉纯洁高雅、红色的旗袍让人充满热情、表现出华丽、绿色代表着自然清新等,因此设计者在设计服装时要根据穿着场合、人们的风俗习惯、季节变化和配色规律进行用色,力求体现服装的设计效果(如图 1-1-8)。

服饰纹样是服装色彩变化非常丰富的部分,也被称为服饰图案。纹样的组成形式是对自然景物、几何图形的提炼与表达。用于服装上的纹样品种非常丰富,按工艺可分为印染纹样、刺绣纹样、镶拼纹样等;按构成形式可分为单独纹样、适合纹样和连续纹样等;按构成空间可分为平面纹样和立体纹样;按素材可分为动物纹样、花卉纹样和人物纹样等。不管服饰纹样是如何组成的,不同的纹样在服装上都是以不同的形式来表现的,它在服装设计中的运用均能起到修饰、渲染、烘托和升华服装美感的作用(如图 1-1-9)。

图 1-1-9 服饰图案在服装中的运用

3、面料

在服装设计中,款式造型设计与面料是密不可分的,服装款式的结构主要通过面料得以展示,它是服装最表层的材料,也是服装设计的物质基础,没有面料就无法展现服装的结构和穿着效果。服装材料的种类、结构和性能直接影响到服装的设计风格和消费者的消费心理。如面料质感的挺括、柔软、悬垂、蓬松;面料的舒适性、透气性、保型性;面料的二次设计所产生的肌理效果都会使服装的实用性和审美性达到完美结合,从而提升服装的品质(如图 1-1-10)。

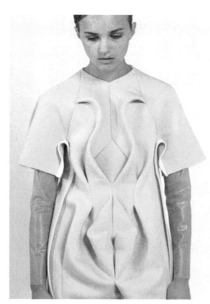

组图 1-1-10 服装面料对服装风格的影响

六、服装设计的条件

设计构思是对设计的整体把握,在服装设计中,设计师可以充分发挥自己的想象力,构思出一个个适合特定场合下的形象,比如休闲逛街的少女、高档写字楼里的白领佳人、参加商业洽谈的精英及宴会上高贵女性等,这些不同场合、身份和年龄的区别就要求设计师们在进行设计时必须考虑到以下几个方面的要素。

1、穿着对象

确定穿着对象,服装美的体现是以人体为依据,俗语说的"量体裁衣"就充分说明了着装者和服装之间的关系。消费者是个笼统的概念,不仅有性别年龄之分,也有经济收入上的差异,穿着对象主要包含了着装者的年龄、性别、职业、爱好、体型、个性、肤色、发色、审美情趣、生活方式等综合因素,在现今的个性时代更注重体现穿着者的内在美和外在美的结合而表现出完美的自我,同时各服装公司所指定的品牌路线是将消费者的年龄因素和经济因素作为重要的考虑内容。

2、穿着时间

是指什么时候穿,服的时间性很强,首先设计服装时不仅要区别季节变化,即一年四季中的春、夏、秋、冬,而且要区别具体时刻,即一天中的白昼与黑夜。不同季节,不同气候、不同时间段有着不同的款型特征,服装设计一定要适应不同时间气温的变化,而且在一些比较讲究穿着礼节的场合,一天中的服装要随着时刻的变化而更换。其次我们经常会把正在流行的服装称之为"时装",时装不同于常规和传统服装,它包含时尚性和流行周期等内在因素,现代的消费意识使时装流行周期越来越短,因此时间性被视为时装的灵魂。

3、穿着场合

场合就是着装的地点或环境,是服装设计中必须要考虑的因素。人们生活在纷繁复杂的社会环境中,人与人之间的接触或是工作需求都要求与社会结构的各部分保持着相对均衡与和谐的关系,社会的各种生活场合有着各自特定的内容,因此需要着装者与场合相协调,诸如出席会议、参加庆典、应聘等场合需要考虑着装的效果。

4、着装目的

是指为什么要穿,从服装的诞生到现代服装,附带着许多的目的,人们的着装不仅是出于保护目的,而且服装的色彩、造型、材料和工艺也为服装带来了形形色色的象征性,人们也一直在追求服装的功能性与审美性的统一,设计者除了要强调服装的安全、舒适、机能外,更要讲究其审美性、时代性、民族性等内容,这是社会进步的需要。着装得体既是尊重别人,也是尊重自己和展示自己。

5、穿什么

服装是社会与人联系的纽带,消费者对服装的要求既要表现自我,又要求被社会大多数人认可,如何选择、如何搭配的问题既可以体现设计者的设计理念和完美构思,也可以反映穿着者的穿着品味和审美标准,所以设计者在设计时不仅要考虑服装的设计特色,还要有多种搭配和混搭的可能性,以便消费者更好地装扮自己。

6、价格

服装设计有别于纯艺术,它以市场的接受和消费者的认可体现价值。好的设计应做到以最低成本创造最优的审美效果,在追求实用和实现审美结合的前提下控制成本,使产品具有最强的市场竞争力。但对高级女装来说,控制价格的空间较大。

第二节 服装的构成要素

第二节 服装的构成要素

影响服装构成的因素很多,但起决定因素的还是物态构成要素。了解这些要素有助于我们抓住服装设计环节的本质,为之后的设计工作打基础。

要解决服装设计的基本问题,首先要了解构成服装的要素,特别是基本要素。影响服装面貌的原因很多,人、历史、宗教、法律、道德、地域、文化、经济等物质的和精神的东西都可以使服装产生变化,但服装的物态构成要素主要有三点——即设计、材料和制作,这三大要素也可以说是服装的核心构成要素。

一、设计

设计是服装生产的第一步,它限定了服装材料的选择和服装的制作手段。没有设计这个环节,服装将处于无形的状态,而且是不确定的。服装设计包括两个部分内容:服装造型设计和服装色彩设计。服装造型设计构成服装的轮廓和细节款式,为服装材质的选择和制作工艺提供依据;服装色彩设计体现服装的色彩面貌,为服装材质的表面肌理和图案的色彩效果确定意向。造型与色彩相辅相成,在设计过程中造型设计占在首位,设计时既可先行造型设计再配以适当色彩,也可先提出色彩方案再配以适宜的造型,重要的是设计视觉效果。这两种设计程序的选择可以根据自身情况和客观条件自己选择(如图1-2-1强调服装的廓形设计)。

图 1-2-1 强调服装廓形的设计

二、材料

材料是服装的载体,是体现设计构思的物质基础和服装的制作对象。没有材料,设计创意再完美也是虚幻的,飘渺的。现今高新科技的发展为服装产品带来了更多的崭新材料,并为产品设计提供了宽广的表现天地,也为设计师带来了更多的设计灵感,改变着服装的外观效果。

服装材料有面料和辅料之分,面料是构成服装表层的主体材料,它决定了服装的外观效果,如:棉、麻、丝、蚕、化纤等;辅料是为了配合面料共同完成服装成品的辅助材料,是保障产品质量的根本依据,如:服装定型的衬布、线、纽扣、拉链、起装饰作用的花边等。两者之中面料占主要地位,但辅料这个角色也不能忽视,面、辅料的选择也存在品质的问题,品质的好坏直接影响到服装的产品质量,当然,面辅料的选择必须和设计意图相吻合,否则会取得适得其反的效果,如图1-2-2强调服装面料的拼接碰撞,形成丰富的视觉层次感。

图 1-2-2 强调服装面料的拼接碰撞

三、制作

制作是根据设计意图将服装材料经过加工生产组合成实际产品的过程，是服装产生形成的最后一步。没有制作就不能形成服装，设计者的设计构思和服装材料就处于零散的状态，不能构成一个完整的整体。服装制作包括两个方面的内容：一是服装结构，也称之为结构设计，这是对设计意图的平面解析，以便进行合理的裁剪，从而在此基础上使服装的物理性能得到实现；二是服装工艺，借助于手工和机械将平面的服装裁片进行缝制，加工成服装成品，其制作工艺决定着产品的质量。结构设计和缝制工艺师相辅相成的，通常精致的缝制工艺是以服装结构为基本保证，而服装结构也是服装工艺的前提，完美精确的结构设计如果遇到低水准的制作工艺，使其粗制滥造将直接影响到服装成品的外观效果，而高水准的工艺师常常可以在制作过程中修正一些小的结构错误，因此在服装界中有"三分裁、七分做"的说法，道出了制作对设计物化的重要性（如组图 1-2-3 强调制作工艺）。

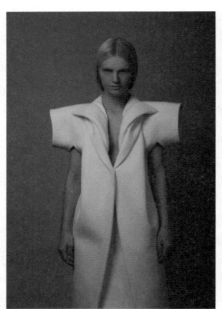 

组图 1-2-3 强调制作版型的结构与制作工艺

四、服装三要素的关系

服装所构成的三大要素之间是相互制约、相辅相成的关系，如果把这三者的主次关系相混淆，就不利于处理好团队之间的合作关系，甚至还会影响工作效率和结果。

若强调设计而忽视服装材料和制作工艺，采用廉价的材料和粗糙的缝制工艺将不能使设计者良好的设计构思很好的得到实现；以强调材料为主而忽视设计和缝制工艺，则过时的服装款式和粗糙的制作会使人对新颖材料的不当使用而感到惋惜；强调以工艺为首而忽视设计和材料，所产生的过时的款式和材料即使有精良的做工也不能得到消费者的青睐。所以说，我们要把设计、材料和制作三大要素看的同等重要，否则就会导致设计的失败。但对于我们日常所穿着的居家服和艺术类的表演服来说，对这三者的要求也不是那么严格。居家服通常是换一种面料可套用同一个板型而进行大批量的生产，对设计的要求并不是那么严格，往往是通过材料和做工来展现；而表演服则是在特定场合下而穿着的服装，这类服装强调的是设计和艺术情趣，对材料和做工要求并不是那麼讲究，而且很多表演类的服装是一次性使用寿命，从而节省了生产成本。

第三节 服装设计的意义

　　服装设计的意义是什么？这个疑问今天仍在试图以恰当的方式进行自我定义，它的身份究竟是以什么样的文化期待为基础呢？像这样的关于自身的合理性问题现在已经不可回避，因为服装设计变得对我们的日常生活越来越重要。我们必须面对这样的问题，至少应该以合情理的方式提出假设答案。对于服装设计的意义这个问题我们可以从服装设计对人们的影响这方面加以阐述。

　　服装设计是把服装的实用功能与审美功能在特定条件（材料、设备、生产技术等）下有机地结合起来的工作。服装设计首先要满足人的生存需要，它是服装设计的前提条件，也是服装设计的基础；其次，服装设计要符合人的审美要求。

　　在人们的生活需求已经发生巨变的今天，服装中的理性价值（价格、品质和服务）已经不能满足顾客的消费欲望，相反如何提升品牌服装的无形价值，通过服装设计带给消费者美妙的享受和愉悦已成为新一轮品牌竞争的焦点。所以，真正理解市场，理解设计，结合国内服装市场的实情，吸收国外优秀服装设计师的思路和方法才是提升服装设计含量的当务之急。

　　受"后现代艺术"的影响，服装设计也产生了重大变革。一些过去被视为"另类、不合理"的设计概念也被运用、导入服装设计中，表现出"冲突性结合"、"零乱破碎感"等逆向思维。后现代服装设计的显著特点就是反现代主义，反传统主义，否定了理性和经验的时装设计，抛弃了比例、人体、协调、线形等基本要素，过去80年代的服装式样尽可以与现代式样"混搭"，甚至也不考虑季节性的问题，可以将非常厚的面料如：裘皮和非常薄的面料如：纱、真丝类的"混搭"，而且也能达到意想不到的视觉效果。

　　后现代艺术对服装设计的影响主要有：

一、反传统的后现代服装设计

　　现今以后现代主义设计为特征的服装将轻松愉快带入人们的日常生活，给人们的生活带来乐趣，让人们以愉悦的心情面对未来的每一天，不再像法官提审犯人一样严肃刻板。服装设计大师三本耀司抛弃西欧传统的西服美学和传统的服装裁剪缝制的严谨性，时装可以使用撕碎、补丁、破口、翻里、反规则的边线、褶皱、卷曲、披挂、打结、左右不对称等手法构成。利用立体裁剪与平面裁剪相结合的手法，使服装更具人性化、个性化。在面料选择上有孔的、皱巴的、水洗的、手搓的、初看像破烂但实际相当精美的纺织料，在色彩上以纯单色或无变化色为主。

　　现代主义是设计的理想主义，而后现代则强调人们生活在"现在"，后现代设计也自然而然地表现出自然的特征。享乐主义高于一切，轻松快乐是最重要的原则，"好的生活比好的形式更重要"。与严肃冷漠的现代主义相比，后现代设计中大量运用夸张的色彩和造型，甚至是卡通形象，唤起了我们关于童年的美好记忆，让我们和我们的孩子一起再次感受童贞和无拘无束的快乐。另外，后现代嬉皮士风格也体现了青年人对现实的反叛精神。嬉皮士装发源于美国西雅图的摇滚音乐，受到青年一代的欢迎，颓废时装就是从舞台装演变而来的（如图1-3-1）。嬉皮士风格可以是摇滚演员穿着工装和长筒靴站在舞台上狂歌劲舞，特别让人觉的有生活气息。反传统主义还表现在内衣稍作修改或基本不改式样就作为外

图1-3-1 朋克文化影响下的服装风格　　　图1-3-2 解构主义服装风格

衣穿着。如1998年春夏季推出了非古典式样的外穿内衣，透明镂空、粗犷返朴、旧物再利用，重新加工，拼凑制成新的服装，服装上留下大量未完成的痕迹，表达出自然的、朴实的生活态度。反传统主义还表现在解构主义现象，在原款式的基础上，将衣片进行不同部位、形状的分割，然后在分割的基础上又进行组合，使服装结构具有耳目一新的特色（如图1-3-2）。

二、新装饰主义的后现代服装设计

工业化时代的到来，大批量、规格化、缺乏人性的设计产品大量出现，人情味感觉的工艺装饰服装越来越引起人们的注意。1996年出现的新装饰主义强调手工艺的处理方法，利用印染、刺绣图案、玻璃串珠、人造水晶、金属亮片、流苏缘饰、层叠抽褶等方法设计。例如服装设计师1998年渡边淳弥的作品运用悬垂、打褶构成的浪漫的装饰主义，用经过特殊化学处理的印度棉面料，形成纯白的礼服，头部罩纯棉透明面纱，表现纯洁俏丽的美感。新装饰主义还强调复杂的洛可可主义，利用蕾丝、层叠抽褶来加强服装的浪漫情调（如图1-3-3和1-3-4）。

图1-3-3 渡边淳弥的服装装饰设计　　　图1-3-4 新装饰主义服装风格

第四节 服装设计师的素质要求

作为一名优秀的服装设计师,自身应具备以下几个方面的素质:

一、了解服装史

现代服装的发展过程是不断循环反复的,纵观服装的发展史可以发现,每次服装流行都能在历史上找到相应的对应点。服装的流行趋势蕴含着文化底蕴,是历史的积淀,了解服装史是为了把握服装的潮流,结合现代的设计理念,表现出着装的新形象、新感觉;还可以使设计师充分认识不同历史阶段的各种不同的设计元素,并将其融合成新的视觉形象;还可以使设计师从著名的大师作品中得到一些设计灵感。

二、绘画基础与造型能力

绘画基础与造型能力是服装设计师的基本技能之一。设计师只有具备了良好的绘画基础才能把服装的款式造型以绘画的表现形式准确地表达其创造理念;另一方面在设计图的绘画过程中也更能体会到服装造型的节奏和韵律之美,从而激发设计师的灵感。

三、丰富的想象力

创造性和想象力就像是服装设计师的一双翅膀,没有丰富想象力的设计师技能再好也只能称为裁缝,而不能称之为真正的设计师。设计的本质是创造,设计本身就包含了创新、独特之意。自然界中的花鸟树木、我们身边的装饰器物、丰富的民族和民俗题材,音乐、舞蹈、诗歌、文学甚至现代的生活方式都可以给我们很好的启迪和设计灵感。千百年来,服装的历史长河中正是由于前人丰富的想象力和独创的精神才给我们留下了宝贵的财富。

四、对款式、色彩和面料的掌握

在服装的构成要素中说过服装的款式、色彩和面料是服装设计的三大基本。

服装的款式是服装的外部轮廓造型和内部细节造型,是设计变化的基础;服装的色彩变化是设计中最醒目的部分,服装的色彩最容易表达设计情怀,同时易于被消费者接受,如火热的红、爽朗的黄、沉静的蓝、圣洁的白、朴实的灰、坚硬的黑,服装的每一种色彩都有着丰富的情感象征,给人以丰富的内涵联想;熟练掌握和运用服装面料特质是设计师所应具备的重要条件,设计师首先要了解面料的厚薄、软硬、光滑程度之间的差异,通过面料不同的悬垂感、光泽感、清透感、厚重感来悉心体会其间风格和品牌的迥异,并在设计中加以灵活运用。

由此可见服装的款式、色彩和面料这三部分缺一不可,是设计师必须掌握的基础知识。对款式、色彩、面料基础知识的掌握和运用也一定程度反映出一个设计师的审美情趣、品味和艺术功底。

五、对结构工艺的理解

对结构设计、缝制工艺的学习,是服装设计师必须掌握的基础知识。结构设计是款式设计与缝制工艺的过渡环节,服装的各种造型是通过结构设计来完成的。如果不懂面料、结构和缝制工艺,设计只能是"纸上谈兵"。学校里的学生经常会遇到这样的问题,学生在参加真维丝服装设计大赛的过程中,由于自己对服装打版经验不足,参加比赛的服装只能请外面的师傅打版,结果做出来的样衣和自己设计构思有一定的差距,没有达到想要的效果。由此可见,打版本身直接决定了服装的造型和整体效果。缝制工艺也是服装设计的关键,缝制的方式和效果本身也是一种设计,我们通常会称之为工艺设计。不同的缝制方式能产生不同的外观效果,甚至是特别的肌理效果。有的设计师借助"缝纫效果"作为设计语言来尝试新的效果,这种手法在成衣设计中非常普及。这就要求设计师要熟知服装行业中的各种加工设备及服装缝制专机,对针织、梭织的加工工艺了如指掌,才能在设计运用中得心应手。

六、对服装设计专业知识的了解

服装设计的专业知识主要是和服装专业相关的学科知识,它本身所包括的范围也很广。设计的初级阶段是对一些基础技法和技能的掌握,而成功的服装设计师更重要的是应具备设计的头脑和敏锐的创作思维,只掌握基础技能、能画漂亮的效果图是远远不够的,还必须要了解与服装设计相关的专业基础知识。现在的艺术院校服装设计专业开设的服饰理论课程主要有:中外服装史、设计史、服饰美学、服装结构、服装工艺、服装材料学、服饰图案、服装色彩等,学生通过这些课程的学习能开阔学生的眼界、拓宽设计思路,启发他们的设计灵感。

七、了解市场营销学与消费心理学

一名成功的设计师首先应在市场上取得成功,要根据企业的品牌定位规范自己的设计风格和路线。服装设计师最终要在市场中体现其价值。只有真正了解市场、了解消费者的购买心理,掌握真正的市场流行(而不是时装杂志上颁布的理性趋势)。并将设计与工艺构成完美的结合,配合适当的行销途径,而被消费者所接受,体现真正的价值,才算成功完成了服装设计的全部过程。

设计师要熟悉各项工作,包括品牌的风格、市场定位、类似竞争品牌的概况、每季不同定位的服装设计风格的转变、不同城市流行的差异、所针对消费群对时尚和流行的接受能力等,还要清楚应该何时推出新产品、如何推出、以何种价格推出等问题,经过这些实践和经历,你才能成为服装设计的一名"能手"。

八、电脑运用能力

随着电脑技术在设计领域的不断发展与更新,无论是在设计思维或者是在整个创作的过程中,电脑已经成为服装设计师手中最有效、最快捷的设计工具,特别是一些较正规的服装企业,它们对服装 CAD 打版、推版软件的运用十分普及,绣花、印花的模板也是靠计算机来完成。

服装设计师要能熟练地运用 PHOTOSHOP、COREDRAW 和 PAINTER 等绘图软件,他们可以方便地编辑、修改和绘制你的图形,拓宽你的设计表现方式、加快设计速度。计算机作为一种先进、现代的绘图工具,有其丰富的表现力和非凡的潜力,掌握和运用计算机的绘图软件在服装设计和面料、图案设计中,不仅是日常设计工作中的需要,你还可以体会到做一名"现代设计师"的滋味和乐趣,同时也是表现自身设计能力的标志。

第五节 服装设计的方法与步骤

一、服装的设计流程

在服装设计中,尽管设计师将他们的奇思妙想用不同的构思方式表达出来,但如果不遵循科学有序的设计方法和流程,就有可能会打乱仗,而达不到预想的设计效果。因此,方法中多一份科学与理智,设计上就会少一份失误与盲目。从多数人的设计经验来看,创意设计的流程大致可以分为以下五个阶段,如图1-5-1。

(一)分析阶段

分析阶段最重要的是对设计提要进行分析。在创意服装设计的过程中,有一个步骤是必须要做的,也是创意设计关键的第一步,那就是:在接到创意装设计任务之后,要确切弄清楚设计命题的具体要求是什么,并仔细分析设计提要是作品成败的关键。因此,设计师需要罗列以下这些关键问题,有利于进一步理清自己的思绪和更好、更准确地表达设计创意。

1、该创意设计的命题的内涵是什么?

2、与该命题相关的设计元素有哪些?

3、你设计的作品的创意点在哪里?

4、你准备表现什么样的服装风格?

5、采用什么样的色彩组合?

6、你需要采用那些面料和辅料?到哪里能买到?如没有相近的面料,那么准备采用什么技术解决?是否要做面料的二次设计?怎样做?

7、服饰配件有哪些?哪些是自己做?哪些要购买?到哪里有买?

8、你需要参考哪些书籍或了解哪些相关信息?从哪些渠道获得?

9、设计是否有期限要求?

当然,罗列了这些问题还只是记录了你的想法,更重要的是要认真分析这些问题。设计师在分析这些问题的过程中,自己的设计思路也就一点一点地清晰起来。

图 1-5-1 创意设计流程

(二)准备阶段

如果说分析阶段是用脑的过程,那么准备阶段则是对用脑与用手的综合能力的考验。在分析了设计提要以后,设计师应该有了自己的判断,哪些素材是可以用于表现设计作品的;哪些设计想法是可以引申发展的;哪些信息是你所需要的,而你还没有掌握的。而这些都需要你做一些相关的准备。准备阶段是创意装设计环节中最重要的,也是最烦琐的工作。俗语说得好:"磨刀不误砍材工"。因此,收集各种资料与信息是成功的设计得以拓展的关键。准备工作做得越充分,设计起来就会更得心应手。

要收集的材料信息非常丰富,所以要注意方式方法和条理性,以免花费过长的时间和精力,反而还没找到重点。采集归纳信息的方法可分为两种。

1、确定收集信息的范围。包括与设计主题相关的资料及包罗万象的社会生活等各方面知识。

2、拟订收集、整理信息的方法。信息收集的方法多式多样,主要方法还是多观看。通过不断地观看,从不同的领域汲取灵感。如:书本、时尚杂志、书画展、电影、戏剧、博览会、博物馆、美术馆、建筑、旅行、上网、交易会、旧照片等等,直到找到能启示你的设计创意的灵感源。在信息收集的过程中也许有时候是徒劳而返,不能给你这次的设计带来立竿见影的效果,但是这些信息量的储备将会使你一生的设计受益非浅。如著名设计师加里亚诺的设计作品充满了童话色彩,总能满足人们对服装的幻想,充满了视觉快感,正如他自己所说:"我的本能是形象思维,我的乐趣是逛博物馆,那里往往能唤起我的创作灵感。"另一位设计大师伊夫·圣·洛朗也曾说过:"我对日常生活的任何事物都感兴趣"。"我要观察一切、浏览一切、看电影、读报等……听音乐或在街头漫步的时候,也许正是灵感火花迸发之时"。

经过观察并及时地记录有关的问题、想法与信息,能帮助设计师把这些短时记忆转移到长时记忆中去,并用草图勾画出适合该设计主题,同时又是设计者所感兴趣的设计素材。其实,记录、整理信息的过程,也是设计者在头脑中对所有信息进行筛选的过程,因而对有利用价值的信息资料肯定会格外留心(如图1-5-2)。

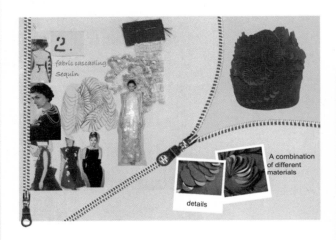

图 1-5-2 收集灵感来源图片

(三)构思阶段

通过对以上信息资料的观察和分析,设计师可初步寻求出所需传达对象与资料中的事、物、环境、情景等之间的连接点与相似点,并结合流行变化的趋势,以寻求各种组合的可能性。这时设计师便由前期准备阶段进入了正式地设计构思阶段。

构思是设计过程中最重要的环节。构思包括确定服装的主题、造型与色彩、选择合适的面料与辅料、考虑对应的结构与工艺、设想样衣的穿着效果等,在脑海中完成整体服装设计所需要的一切。在这一阶段,设计师应拓宽思路,充分发挥想象力和创造力。创意性思维不同于一般的思维活动,它要求打破常规,将已有的知识轨迹进行改组或重建,以创造出新的服装样式。例如:在本世纪初法国设计大师波尔·波阿莱,他在创作时从不随波逐流,勇于打破传统的思维框架,把数百年来在妇女身体上的紧身胸衣在设计表现中去掉,使受封建传统习俗束缚的妇女们不仅从身体上而且从精神上解放出来,取而代之的是宽松、自然的高腰身的细长形希腊风格,这在服装史上具有划时代的意义。

组图 1-5-3 优雅俏丽的设计

组图 1-5-4 神秘高贵的设计

组图 1-5-5 另类概念的设计

服装设计构思的灵感来源是设计作品成功的有利保证，没有灵感的设计是难以想象的，也是不大可能的。设计构思的方法有多种，最基本的构思方法是从整体到局部和从局部到整体的构思方法。这里以"蝴蝶"命题为例。设计师在设计构思时可以借鉴蝴蝶飘逸的外型、斑斓的色彩或动感十足的舞姿。同一个设计主题，可以提出多种设计方案，设计风格或偏实用或偏卡通或偏夸张。服装选材可以是丝绸、莱卡等纺织材料，也可以选择木片、钢丝等非服用材料，并先以设计草图的形式表现出来。在经过不断地对设计方案的否定与肯定的交替中，不断调整设计方向，直到确定最后的设计雏形。然后，以这个点放大到整体的系列设计中。如组图 1-5-3、1-5-4、1-5-5 所示服装分别是以蝴蝶为设计元素，但表现出来的服装风格却完全不一样，这也正是设计师构思的方法不同所带来的结果。

（四）实施阶段

设计师在通过对多种方案的比较之后，选出较为理想的设计方案。实施阶段便是将这一设计方案由理论形式转入到可视形式。主要分两步来完成：即绘制服装效果图与服装制作。

1、服装效果图表现

服装效果图是表现服装的穿着效果的设计图，其真实、形象、生动地体现了设计师的设计意图。画效果图时，人物动态设计很重要，人体动态应为正面或半侧面直立，以充分显示服装的特点，还要有利于设计对象与风格的展示。如古典风格的服装应配合端庄、稳重的站姿，而豪放派的服装就应采用夸张的、形式更活跃的动态。反过来，如果设计的是旗袍系列，而采用劈腿等夸张、豪放的动态则很不合适。

另外，在实用装设计中往往有把人物动态预先画好，只要把衣服套上去的设计方法，但这种方法显然不很适合创意服装设计，尤其是对于缺乏经验的设计师。因为，如果这样，设计师就可能会过多地考虑服装与动态的配合，不利于设计思维的放射性发展。因此，在服装设计时，可以先构思再考虑人物动态，也可以把动态设计和服装设计一起考虑。总之，服装设计效果图的整体表现应大气、自然，能给人以较强的视觉冲击力和艺术感染力。同时，效果图（还应附服装款式图及详细的注解）表现出来以后，设计师还可以作适当地调整或修改，也便于设计师选择合适的面料与配件（如图1-5-6）。

图1-5-6 服装效果图表现

2、服装制作

用绘画的形式表现设计师的构思还是有较大的局限性，要充分展示服装的立体视觉效果及设计的合理性，还必须将服装制作出来。因此，样衣制作是实现设计的一个重要环节，也是一个对原构思不断充实、完善的过程。

服装实物制作可分为平面裁剪与立体裁剪，创意服装设计往往以不对称、多褶皱大体积等结构表现形式，因此用立体裁剪来表现创意服装更合适、更直观、更便于修改。实物的展现是最直观的，设计师的任何想象都必须具体化，所以在服装制作的过程中会有或多或少的修改，甚至会全盘否定，这些都是正常的，也是每个设计师所经历过的，这也是实物制作的真正意义之所在。设计作品就是在这种反反复复地修改过程中达到最佳境界。在这一阶段，设计师有可能按照构思意图顺利地完成设计作品，但也有可能以更新的构思替代原有的设计。

（五）整合阶段

设计工作在经过以上四个阶段之后，并不是就结束了，而是应进入到设计的整合阶段。设计师要整理实践中的各种体验与知识，并运用一定的组合规律和变化形式，以产生系列服装设计，使整体服装设计更加完整和统一，如组图 1-5-7 所示系列服装设计作品便是按照设计方法和步骤来完成的。

组图 1-5-7

系列服装设计效果图

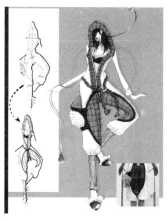

因此，这五个阶段在服装设计的表现过程中是相辅相成、紧密联系的。设计师应了解和掌握这些必要的设计程序和方法，以便使设计过程有目的、按步骤、科学合理地进行，达到事半功倍的效果。设计的过程有时就象在孕育生命，一旦孵化出来以后，你会体会到一分感动与成功的喜悦。

二、服装设计灵感的表现

（一）灵感的感念

"灵感"一词在文学词典中解释为：在文学、艺术、科学、技术等活动中，由于艰苦学习，长期实践，不断积累经验和知识而突然产生的富有创造性的思维。所谓灵感，简言之，就是灵敏的感觉现象。古希腊哲学家柏拉图在《伊安篇》中，把灵感解释为神力的驱使和凭附。灵感是一种富于魅力的、突发性的、看不见也摸不着的思维活动，是一种心灵上的感应。

从表面上看，灵感具有突发性，似乎是灵机一动的"顿悟"。其实，灵感的产生不是偶然孤立的现象，没有坚持不懈的努力和追求，没有丰富的经验和成果的积累，就不会有瞬间的灵感迸发与感悟，也正如我国古代谚语中对灵感的描述"得之顷刻，积之在平日"。所谓"后积薄发"就在如此。

灵感是无法预想的,是偶然产生的。在科学领域,许多攻克不了的难题和发明创造有时就得益于灵感的闪现。在文学和艺术领域,灵感的运用产生了许多佳作。因此,灵感在人类的创造活动中起着非常重要的作用。

灵感的出现并不神秘,它具有偶然性、跳跃性、增量性、短暂性、独特性、不可重复性、潜意识性、不稳定性及专注性等性格特征。而灵感状态是艺术设计的最佳时间域,此刻的思维活动特别活跃,创作的效率也特别高。因此,设计师要善于把握时机,捕捉灵感,记录灵感,并将灵感巧妙地运用于服装设计中。

(二)服装设计构思的灵感启示

在进行服装设计时,我们在获取创意灵感的过程中有时处于"山重水复疑无路"的艰难时刻,突然受到某种外界的刺激而得到启发,顿时豁然开朗,进入"柳暗花明又一村"的境地,这就是灵感的性格特征。灵感并非捉摸不定,但设计师只是消极地漫想、无奈地等待和盲目地寻找灵感都是不可取的。因此,设计师应把握灵感的个性,可以按设计主题把灵感的来源分成几个方面,并逐个寻找、排除、整理,快捷而有效地得到所需要的灵感。

艺术设计中的灵感往往与生活息息相关,任何灵感都不可能是无源之水、无本之木,而是生活中的万事万物在人的思维中长期积累的产物。服装大师克里斯汀·迪奥曾说:"石头、木头、生物、机械的动作、光线等都成为小小的媒介,我借助于它们立即可以捕捉到灵感。"是的,灵感无处不在,无时不在,遍地皆想法。

灵感的产生很大程度上又与设计师的个人经历相关联,而设计的角度是多维的,一切设计领域皆是相通的,就像多米诺骨牌效应,由一点而引发多个可能。因此,设计师可以从自然形态(指动物、植物、自然景物等非人为造作的形态)和非自然形态(指音乐、建筑、绘画、雕塑、科技、工业品以及所有人为造作的物质形态)中获取创作灵感。

1、从大自然形态中获取灵感

大自然孕育了人类,也是人类创作活动中取之不尽、用之不竭的灵感源泉。数千年前,在人类开始有图案设计行为时,很多大自然的造形就被应用于设计上,如陶艺、壁画、布料、棺木等大量地取用了自然界的纹样。大自然的鬼斧神工曾经让无数的文人墨客流连忘返,同样也激发了设计师强烈的创作欲望与无限的创作灵感。优美的风景、漂亮的花草、日月星辰、风雨雷电、河流山川甚至自然万物的生长灭亡都会给人以灵感。因此,在漫长的历史岁月中,人们一直是把大自然的造型视为设计之重要要素。

在服装设计艺术中,主要是在造型、色彩、图案、面料等表现主题上应用了植物、动物或景物的形状、印象来进行模仿设计,服装设计中据此进行模仿设计的范例很多(如图1-5-8)。

图1-5-8 大自然中的灵感

（1）仿植物形态：花草和树木的叶脉、造型、色彩及纹理等丰富的素材频频出现在设计师的作品中。从法国设计师克里斯汀·迪奥 1953 年推出的郁金香形设计作品中不难看出花卉仿生设计的痕迹，如组图 1-5-9 中设计师 mary kantrouzou 以海底生物为灵感来源创造了一系列超现实主义印花图案，组图 1-5-10 中设计师的灵感来源于晚霞中树枝的形态。

组图 1-5-9 Mary Kantrouzou 以海底生物为灵感的设计作品

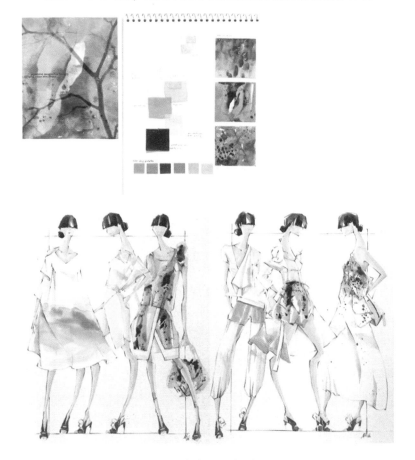

组图 1-5-10 灵感来源于树枝形态的设计

（2）仿动物形态：大自然中飞禽走兽、蝴蝶及各种昆虫的形态结构带给设计师无限的联想，动物天然形成的毛皮纹理也为服装设计师提供了丰富的设计素材。西方的燕尾服就是仿燕子尾巴造型所设计的经典范例。如图1-5-11是设计大师伊夫·圣·洛朗1965年设计的象牙白色的蛹形礼服，灵感来自于蚕茧，带缎带装饰的羊毛针织风帽，又使人联想到俄罗斯娃娃。表现出设计师丰富的想象力与别致的幽默感。如组图1-5-12是设计师借鉴昆虫的形与色所作的服装设计。如组图1-5-13中设计师凌雅丽将羽翼的肌理用服装面料二次再造的形式运用于服装的细节表现上，使服装呈现出别样的情趣。

图1-5-11 Yves Saint Laurent
设计的蛹形礼服

组图1-5-12 以昆虫的形与色为灵感的礼服

组图1-5-13《边萼灰.赋花羽》（凌雅丽作品）

（3）仿景物、自然常态：模仿天空和海洋的蔚蓝色、溪水清冽的透明色、朦胧的晨雾、岩石的纹理、水的流线型或涡旋形、海螺的螺旋形以及夕阳、沙砾等等进行服装设计。如图1-5-14就是以日食的状态为灵感而设计的系列服装。如图1-5-15是模仿海螺的形与色而作的服装设计。如图1-5-16中的服装则是以钢板作为设计元素，钢板的坚硬与少女的柔美形成了巨大的反差，加强了作品的感染力。因此，在材料上进行创新，突破传统的束缚，往往会给设计带来新奇的意境。

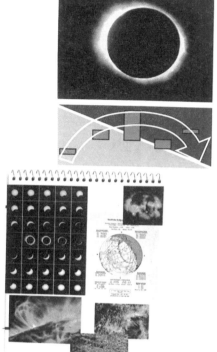

图1-5-14 以日食为灵感来源的设计

组图1-5-15 以海螺为灵感的设计　　　　组图1-5-16 以钢板为元素的设计

在借鉴自然形态进行创意设计时,要注意对自然形态进行提炼、概括或重构。那种从表面上模仿动、植物形态所复制的服饰,充其量只是对原始形态的演绎,还称不上服装创意。因此,借鉴不等于照般或复制,而应在大脑中有一个艺术加工与提炼的过程,同时,还应注意服装的功用性。"感物吟志,莫非自然",但关键还在于设计者独特的慧眼。

2、从姐妹艺术中获取灵感

艺术是相通的。姐妹艺术之间有着许多触类旁通的关联,如绘画中的线条与块面、音乐中的旋律与和声、舞蹈中的形体与动感、雕塑中的空间与形态、摄影中的光线与影像、诗歌中的呼应与意境等诸多艺术形式都是创意服装设计的灵感源泉,都有着共同的艺术创作规律,不仅在形式上可以相互借鉴,在表现手段上也可以融会贯通。电影艺术也是一样,法国设计师纪梵喜为《罗马假日》中奥黛丽·赫本所设计的系列造型大获成功,"赫本模式"曾引起一代人的痴狂,也激发了艺术家们对服装美的探索。

服装是一门独立的艺术形式,且创意服装设计是一项强调形式美感的设计,更应注意从其它艺术门类中汲取营养。即便是非视觉类艺术(如音乐、诗歌等),仍可以通过艺术的通感来激发设计的灵感,以达到某种创意目的。从蒙德里安的冷抽象到康定斯基的热抽象,从东方艺术到西方艺术,从波普艺术到嘻哈之风,都可从中找到运用于服装设计中的灵感。这些,我们从许多服装设计师的作品中可以看到或感受到对姐妹艺术的借鉴(如图1-5-17)。

图 1-5-17 姐妹艺术的启发

　　绘画和服装都是讲究形和意境的造型艺术,其理论形式与审美思想是一致的。因此,从绘画艺术中获取灵感是设计师们进行创作的捷径。设计大师伊夫·圣·洛朗便是其中的高手,他的作品融入了马蒂斯、梵·高和法国立体派画家的画意。他在服装上用 35 万片亮片及 10 万个琉璃珠绣上了梵·高的名作《向日葵》。他又以梵·高的另外一副油画作品《蓝蝴蝶花》作为素材,设计了一件钉满珠片的华贵上衣,共用了 60 种色彩变化微妙的珠片,制作耗时 600 小时,油画刮刀笔触的艺术效果都逼真地表现在他的"立体主义"系列作品中,可以称得上是一件奇妙的艺术品。他还把荷兰画家蒙德里安的冷抽象作品《红、黄、蓝三色构图》成功地用服装的语言搬上了他的及膝裙,可见绘画艺术的魅力。如组图 1-5-18 中的服装是伊夫·圣·洛朗运用布拉克(Geoges Braque)绘画的实例。他把原作中的白鸟从一只变为两只,并采用了一大一小上下呼应的形式以求变化。图案以夸张的造型和镶衲工艺附于衣身,使服装生动和富有趣味性。

组图 1-5-18 伊夫·圣·洛朗运用布拉克绘画所设计的服装

　　音乐和舞蹈都具有强烈的艺术感染力,跳动的音符、优美的旋律、激情的摇滚、舒展的舞姿等都可以激发人的创作灵感,对服装的影响也是很明显的。如组图 1-5-19 是著名设计师卡尔·拉格菲尔德借鉴音乐中的乐器而作的创意服装设计,他异想天开地将小提琴与人体巧妙结合,体现了他卓越的设计才能,组图 1-5-20 则是从哥特式建筑风格中得到灵感的概念时装设计。

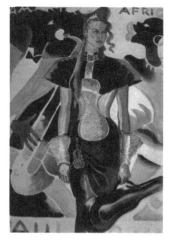

组图 1-5-19 卡尔·拉格菲尔德借鉴乐器而作的服装设计

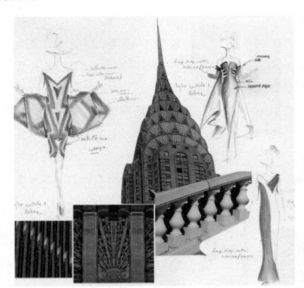

从哥特式建筑风格中得到灵感的概念时装设计 组图 1-5-20

民间艺术一种普遍而质朴的大众艺术。世界上每一个民族和地区都保存着及其丰富的民间艺术,如民间的剪纸、陕西皮影、潍坊的风筝、土家族的织锦、苏州的刺绣、贵州的蜡染、无锡的泥人、天津杨柳青木版年画等都包含了浓烈的民间艺术特征,其中每每一组配色、一个造型、每一个图案、每一条花边都是独具特色、触及灵感的素材。同时,从民间艺术品中可以感悟出朴素、纯真的原始意念,也是其他设计形式所达不到的。服装设计从民间艺术中汲取灵感和造型元素,可极大地丰富服装的设计语言。如图1-5-21是武学伟、武学凯在第四界"兄弟杯"服装设计大赛上的金奖作品《剪纸儿》,灵感来源于造型简练、风格质朴的民间剪纸艺术,给服装增添了古拙的艺术情趣。组图1-5-22中设计师借鉴皮影戏的镂空概念并且融入中国传统刺绣,在服装的承载下两种传统艺术碰撞出新的艺术火花。

图 1-5-21《剪纸儿》(武学伟、武学凯作品)

组图 1-5-22 以皮影戏为灵感结合中国传统刺绣的服装

3、从流行资讯中获取灵感

　　在设计灵感来源中,流行资讯是最直观、最快捷、最显而易见的,也是最容易被运用于服装设计中信息参照点。它包括网络、杂志、报纸、书籍、幻灯片、录影带、光盘、展览会等流行资讯,同时,世界时装大师和各服装品牌公司每年或每季所举办的服装发布会以及每年国内外各类服装流行预测机构所作的流行预测发布会等,更是设计师们的灵感源泉。此外,各类与服装无关的出版物与展示也可能成为设计师们的设计资源。总之,足不出户,便可知晓天下事。

　　服装设计离不开流行,而流行资讯又是最重要的媒介。因此,设计师在平常要养成收集和整理资料的习惯,以便拓宽自己的设计思路。当设计者看到这些比较直观的资料时,设计灵感便会如泉水般涌现,脑海中便会不断地闪现出新的想法,就会形成新的设计,如组图 1-5-23 为 2014 年春夏色彩流行趋势,分别从海洋,热带丛林,理性几何,以及 70 年代的复古怀旧中汲取灵感。

组图 1-5-23　2014 年春夏色彩流行趋势

4、从传统民族服饰文化中获取灵感

服装的发展离不开传统服饰文化的启发和借鉴。在长期的生活实践中，我们的祖先创造了大量具有较高艺术欣赏价值的传统服饰。由于不同支系、不同地域的民族的穿戴习俗不同，对于服饰情感的表达也不一样，正所谓"十里不同风，百里不同俗"。且各民族不同的服装样式、色彩、图案纹样、装饰以及风土人情等常常包含着丰富的含义，其服饰图案更是各民族的"密码"，蕴藏着大量的寓意和故事。因此，服装设计师从传统民族服饰文化中提取设计元素时，应首先了解它们的文化内涵，这样才能设计出有一定份量和独具个性的服装作品来（如图1-5-24）。

正所谓"民族的才是世界的"。善于从中国传统民族文化及世界各民族文化的审美精神、服装元素中吸收精华，融汇贯通到创意服装设计中，是现代许多服装设计师获得成功的方法和秘诀。如取材于阿拉伯人的贯头长袍、非洲土著人的彩色文身、印第安人艳丽的羽毛头冠、日本的和服、苏格兰人的彩条格子、中国的旗袍等服饰元素都是设计师们进

图 1-5-24 多样的服饰文化

行创意服装设计时可供借鉴的、极其丰富而珍贵的创作素材。尤其是中国民族服饰中独特的审美文化和东方气质激发了无数西方服装设计大师的创作灵感。这种以借鉴传统民族服饰的艺术形式来表现其个性魅力的设计作品不胜枚举（如组图 1-5-25、1-5-26）。

组图 1-5-25 以传统民族服饰图案为主的创新服装设计

组图 1-5-26 苗族传统服饰与现代时装的混搭融合

　　当然，民族服饰元素只是作为服装的一个创意点出现，并非将其照本宣科的忠实再现，而是每位设计师除了巧妙地留下其精神真髓之外，还必须在不断地更新和突破传统，突出超前意识，与时代相融合，才能创作出独树一帜的服装设计作品。

　　5、从科技成果中获取灵感

　　科技成果似乎与艺术设计毫不相干，前者需要的是严密的逻辑思维，属于自然科学范畴，后者注重的是跳跃的形象思维，属于

图 1-5-27 科技成果的影响

人文科学范畴。然而，科技成果却反映了当代社会的进步程度，如现在已研制出的冬暖夏凉型空调服装、免洗型环保服装及牛奶纤维、可食面料、夜光面料等等，这些高科技产品就如同服装一样与我们的生活息息相关（如图1-5-27）。

图 1-5-29 『卫星式』服装（皮尔卡丹作品）

　　早在 20 世纪 60 年代，航空航天技术的突破性发展曾经对设计界产生了极大的影响，服装设计大师皮尔·卡丹（Pieere Cardin）所设计的著名的宇宙系列服装就是以此灵感创作的，他设计的"卫星式"礼服颇似即将升空的火箭，表现出强烈的科幻印象（如图1-5-29）。设计师安德来·库雷热（Andre Courreges）也受到了这一科学技术的冲击，他设计的太空系列服装极具未来精神，但又简洁、实用，体现出他敏锐的观察力和优秀的设计才华。随着中国神

州五号、六号宇宙飞船的成功发射,太空元素再次成为设计师们的创作题材。利用科技成果设计相应的服装,尤其是利用新颖的高科技服装面料或加工技术,为服装设计师拓宽了新的设计思路,如图 1-5-30 是设计师侯赛因.卡拉扬(hussein chalayan)通过控制室内温度以及湿度,采用形状记忆纤维打造服装变形效果,令人叹为观止。

6、从时事动态中获取灵感

众所周知,时事政治的重大变革将冲击到社会的各个领域,同样也包括服装领域。服装是人类特有的劳动成果,也是时代的解码——可以通过服装这面"小"镜子图解社会这个大舞台,它不仅反映了时代的变换、社会的变迁,还折射出了思想的进步和观念的革新。因此,服装设计师对社会所发生的时事动态要有敏锐的洞察力和判断力,并巧妙地利用这些因素,并用服装的语汇和符号来诠释自己对这些现象和事件的态度,且这样的服装容易与大众产生共鸣。反之,"两耳不闻窗外事"的设计师是不可能创作出具有震撼力的经典之作的(如图 1-5-31)。

社会大环境下所发生的任何大事情都会成为公众关注的焦点。服装设计师从时事动态中获取灵感的范例很多。1991 年海湾战争爆发期间,瓦伦蒂诺在他的时装发布上所展示的"和平服",用银色和灰色珠片绣有十四种语言的"和平"一词,与有珠片拼贴的和平鸽装饰的白缎短上衣相搭配,从没有一件服装能如此强烈地表达当时人们的心情和愿望,至今令人难忘。同时,一些设计师也敏感地将军绿色、大立体口袋、宽松裤、多口袋夹克等军旅元素表现在服装设计中,并迅速在世界上流行开来。又如 2001~2002 年在上海举办的 APEC 会议,各国首脑人物展示了中国唐装(便装)的风采,即而在世界上掀起了一股唐装热,乃至一切中国元素都能激发设计师们的创意灵感。再如 1997 年香港回归的世纪盛事感染并激发了设计师们的色彩灵感,一片欢庆回归的鲜亮色彩便不约而同地出现服装设计中。

图 1-5-30 利用形状记忆纤维设计的服装

图 1-5-31 时事动态的影响

三、灵感的表现程序

我们都知道,牛顿因苹果的落地受到启发而产生灵感,发现了万有引力定律;莱特兄弟从鸟儿身上找到了灵感,发明了飞机。但如果他们不及时表现这些灵感,就不会有今天的成就。因此,灵感一旦出现后,如果没有很好的抓住是非常可惜的。当然,以后也许还会有同样的灵感出现,但就其时间意义和原创意义来讲,显然不如第一次出现时那么有价值。要很好地表现灵感,需要有一定的表现程序来处理,否则,再绝妙的灵感也会成为泡影。一般而言,灵感的表现程序有以下几个步骤。

1、收集

收集即收集情报信息(创意服装设计所需的素材)。在艺术创作中,设计师想从没有情报的情况下突然产生设计灵感,这种情形是不大可能的。为了获取更多、更好的灵感源,设计师应尽量在脑子里多储存一些有价值的素材。因此,在平常就应养成广泛收集素材的习惯,这既能让设计师把思维集中,又能给设计师提供形成理念的设计线索。收集情报有多种方法和途径,主要包括:面辅料、摄影、色谱、建筑、化妆品、草图、包装纸、广告、海报、家装设计、墙纸、服装、明信片、报纸等。除此之外,设计灵感有可能来自一些不相关的领域,如数字、香味、声音、陨石、新闻事件等等。信息量越多、越新鲜、越有价值,就越有利于设计理念的建立。总之,丰富的生活阅历是灵感最直接的来源,正如法国设计师伊夫.圣.洛朗所说:"日常生活就是时装设计师灵感的天地。"

2、记录

由于灵感具有短暂性,若不及时记录,便会稍纵即逝。如:圆舞曲之王约翰·施特劳斯一次在和女友郊游时,突然来了灵感,但身边无纸,就马上脱下衬衣,在袖子上谱写起来,这就是他的传世杰作《蓝色多瑙河》。又如:J.K.罗琳创作世界闻名的小说《哈利·波特》的灵感来源于她乘火车时,夜幕下那一闪而过的影子,就像在魔法世界中,她当时没带纸笔,就及时地把想法记录在餐车的点菜单上,最终获得了成功。俗话说得好:"好记性不如烂笔头"。因此,随身带着一个速写本或日记本并把一些零散的信息、念想以及问题及时记录下来是非常有必要的,因为短时记忆通常是靠不住的。这些看似零碎的信息或许有朝一日能给你的设计带来奇思妙想。

灵感的记录方式可以是多种多样的,可按照个人的工作习惯和环境条件来定。记录方式大致有:文字、图形和符号。记录不必讲究形式,信笔涂鸦都可,只要自己能看懂就行。

3、整理

记录下来的灵感一般是比较潦草而简单的,若不及时进行整理,随着时间的久远,恐怕连自己都记不起当时记录的内容了,记录也就变成了形式。同时,并非每个灵感都适合表现该设计主题,可以对每个灵感进行筛选,从中找到最佳发展方向,然后再用自己特殊的艺术形式把它翻译出来。因此,要注意对灵感进行整理。

整理设计灵感可以将记录的文字或符号图形化,即画成设计草图。它能帮你对收集到的素材进行选择,把创作的激情引向最终的设计成果,这是整理思路和图像的第一步。草图最好能从多个角度来画,有些以总体造型为重,有些以局部细节为主,不仅可以为系列化设计铺平道路,而且多角度画草图有助于提高设计速度,也可能遇到灵感的再次出现。同时,在整理的过程中有时又会有新的灵感闪现,可以不断丰富你的设计内容。草图确定以后,用恰当的服装效果图形式表现出来。

4、完成

将草图配合人体动态画成效果图,既要注意一定的穿着效果,包括服装的外型、色彩、面料的质感等,还要考虑一定的艺术效果,包括表现技法、构图、装裱等等。同时,灵感表现的完成阶段还要根据纸面上的着装情况,对整体设计构思进行必要的修改。整体设计是指鞋、帽、包、袋、首饰等配件设计与服装的有机联系性,甚至还应考虑到模特儿表演时的化妆、发型、道具等与服装的协调性,使设计更加完整。整体感强的服装设计具有更强的视觉效果,让人产生完美的视觉享受。服装效果图这一步骤完成之后,设计师就可以检查出这一虚拟的空间状态是否合理,灵感的表现程序就算是结束了(如组图1-5-32)。

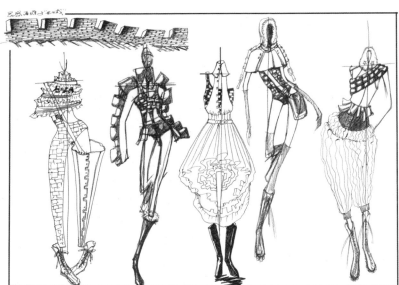

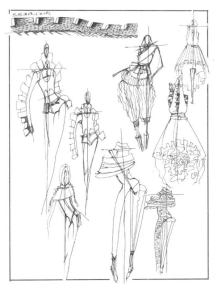

组图 1-5-32 以长城和军旅元素为灵感的服装设计

四、服装设计的形式

服装设计的全过程是从构思到设计,再根据设计到打版最后到制作的全过程,在这个过程中,设计是整个的核心,服装设计的形式可以从以下几个方面加以阐述。

（一）以服装款式为先的设计

以服装款式为先的设计是先进行设计，绘制出服装款式图，再根据款式图去寻找合适的面料，这是一种让面料来服从于款式的设计形式，这种设计形式多为服装院校的学生所采纳。

以款式位先的设计是没有受到面料的限制，设计师可以充分发挥自己的想象力，对服装的造型和色彩随意的进行搭配，从而也可以创造出款式新颖的服装，但这种设计形式也存在一些弊病，设计师们为了寻找与想象创造出效果一致的面料，花费了比设计构思过程中更多的时间和精力，也不一定能找到合适的面料，而不得不改变之前的设计或者用替代面料来取代。所以说如若采用以款式为先的设计形式，前提条件是设计师必须熟悉服装面、辅料市场。

（二）以面料为先的设计

以面料为先的设计是根据面料来进行设计构思，是让设计来迎合面料的设计形式，这种方式是现今企业的设计师们所采纳的设计方式。

以面料为先的设计只要求设计师们掌握各种面料的性能特点就可以进行设计，从而可以省掉寻找面料所花去的大量时间和精力。而且设计时比较方便、快捷，具有一定的针对性。但是这种方法有利有弊，弊病是限定了设计师的思维空间，每种不同的面料都有自身的特点和所适合的造型，这就意味着设计师们只能根据指定的面料来进行款式设计，使设计师的思维受到限制，不能自由发挥。如：雪纺纱面料只能设计出款式飘逸、风格柔和的夏季裙装；精纺呢料一般会考虑做职业套装等。在采用这种设计形式中，设计师们要学会将指定的普通面料进行再次创造，进行一些创意设计，如面料肌理的处理，服饰图案的绘画等，从而改变设计的格式化，规范化，打破常规，使自己的思维得到创新。

（三）款式与面料相结合的设计

前两种设计形式即有自己的优点同时也存在一些弊病，设计师们为了避免这些缺点，通常在设计时采用两种方法并用，设计师要么从面料中去寻找灵感，或者根据设计构思去寻找面料或者是边进行设计构思边跑面料市场，在整个设计构思——寻找面料——绘画服装效果图的过程中可以对面料和款式进行合理的调整，从而使设计达到最佳的效果。在这种设计形式中，设计师可以对已有的面料进行筛选或者是对面料进行第二次创造。对于一些新颖的或是时髦的面料设计师们要在保持面料本身特色的基础上进行设计，对服装款式加以创新。

五、服装设计稿的完成

在设计完成过程中，根据不同的用途，设计稿的内容和形式也有所不同，设计过程中的创意表达定稿后可分为完整型设计稿和简略型设计稿两种。

（一）完整型设计稿

完整型设计稿是一种非常正规、完整的设计稿，它可用于求职、参赛、投标、执行设计任务等。完整型设计稿从构思、人物构造、着装效果、背面造型、细节表现和文字说明等方面均要求独特、巧妙、精致、直观。

构思是设计稿的第一步。构思就是要围绕设计而展开大量丰富的奇思妙想。予以归纳、选择和总结，落实在设计的草图里，经过反复斟酌推敲，整理出自己认为最理想、满意的创意，加以结构细节的完整化，直至定稿。

其次是人物造型。人物造型是指设计中为了表达服装设计效果而选择的模特造型，这里模特的动态和神态都要与服装的内涵和风格相呼应。如身着经典、幽雅服装的模特动态幅度就不能太夸张，让浪漫、飘逸的服装穿在较为拘谨的模特身上也不合适。不仅如此，还要注意画面的整体布局和协调性。着装效果是服装穿在模特身上后通过绘画技巧和方法所体现出来的服装的艺术效果，包括服装的内在美，动态美、面料的质感美。着装效果图的优劣是衡量设计师水准的重要标志。

再次是背面款式图。背面款式图的表达是服装正面效果的详细补充，有些服装款式背面有设计亮点需加以详细的说明，这也是整套服装设计的重点。背面款式图一般画在效果图的旁边，一般采用单线表现即可，某些细节部位需用文字加以详细的说明。同样要能传递出视觉美感，也可适当地画上投影等明暗调子来加以装饰。

第四是细节表现。细节的表现对服装设计稿中某些部位的处理特别加以强调的，设计稿是结构制图和加工工艺的依据，个别设计稿的局部设计较为细腻、丰富，针对这一细节，需要用适当的表达方式画出，一般是在画面中用细直线特别标出细节部分，在设计稿中局部的细节部位需做放大处理，以便清晰表达，一目了然。

第五是文字说明。一副完整的服装设计稿都离不开文字说明 ，它是对设计效果图无法表达的部分进行补充说明，如设计主题、设计构思、工艺要求、面料要求、尺寸规格、配色方案、面料小样提供等，文字说明以精练、明确、适当为标准，文字说明不应破坏画面的整体效果，不可随意涂改，草率从事，要保证图稿的整体美。

总的来说，完整型设计稿的画面上有五个部分：着装效果图，背面造型、文字说明、面辅料小样和配色标识。

(二)简略型设计稿

简略型设计稿是指企业内部使用的设计稿，它可分为两种：一种是设计构思草图；另一种是为工厂使用设计稿。简略型设计稿的完成程序和完整型设计稿一样由构思、款式图、细节表现和文字说明等几个方面来完成。简略型设计稿与完整型设计稿有些不同，它强调实用性和可操作性，因此设计稿面要求清晰、规范、明确、具体，严谨。企业内部的设计稿主要用来为了生产提供技术依据，简略型设计稿的构思与完整型设计稿相同，只是艺术效果最大限度地简化。其款式图是平面造型图，以单线形式表现，正反面款式大小一致，服装各部位比例准确，没有着装效果。

简略型设计稿中的细节表现多以图示形式出现，细致而准确，直接用于打版和生产的参考。由于组织生产的需要，简略型设计稿的文字说明部分非常详细，吊牌名称、款式、编号、规格、尺寸、面辅料样本等一一详尽列出，类似于生产订单。如图 1-5-33 为简略型设计版单式样。

设计版单

品牌名称		适用季节		确认签名	
款式编号		总款号		确认日期	

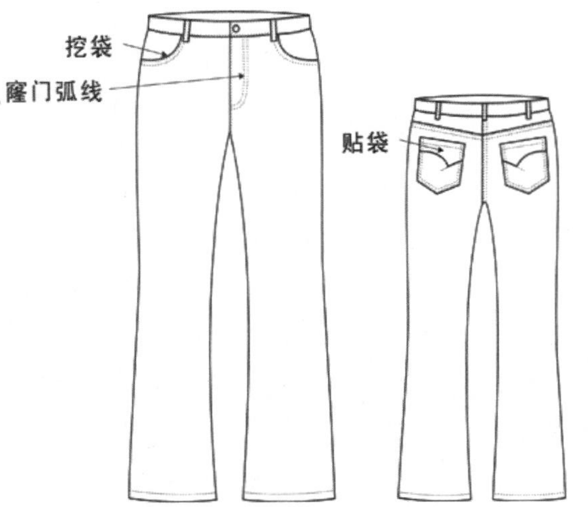

单位	cm
部位	规格
衣长	
肩宽	
胸围	
袖长	
袖口	
腰围	
下摆	
腰围	
臀围	
裤长	
裙长	
脚口	
裙摆	

主料（贴样）	辅料（贴样）		姓名	日期
		首席设计		
		助理设计		
		打板师		
		样衣师		
备注				

图 1-5-33 设计版单

课后思考题：

1、要成为一名合格的服装设计师,必须具备哪些
方面的素质?

2、服装设计的三大分工中,它们各自有什么特点?

3、对下面所给出的几幅大师的作品进行分析,用
文字表达出其设计的关键所在。

图 1-5-34

图 1-5-35

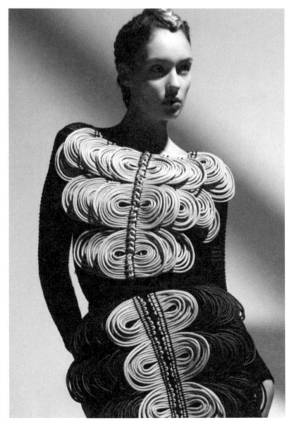

图 1-5-36

第二章
服装设计的
基本美学法则

第一节 构成服装造型的基本形式

第一节 构成服装造型的基本形式

服装造型属于立体构成范畴，服装设计也就是运用美的形式法则有机地组合点、线、面、体，形成完美造形的过程。从空间存在关系看，可以把服装理解为软雕塑。点、线、面、体既是独立的因素，又是一个相互关联的整体。它也是服装罪基本的构成要素。形式美是指客观事物外观形式的美，是指自然生活与艺术中各种形式要素及其按照美的规律构成组合所具有的美。在服装设计中的应用形式美主要有三方面的特点：一是具有相对的独立性及相对独立的审美意义；二是具有一定的概括性和抽象性；三是与自然的物质属性及其规律有着密切的联系。

一、点的运用

点通常指小的东西，在几何学中没有长度、宽度和厚度，不占任何面积。两条直线的交点或线段的两端都可以看做是点。点在空间中起着标明位置的作用，具有注目、突出诱导视线的性格。点在空间中的不同位置及形态以及聚散变化都会引起人的不同视觉感受(如图 2-1-1 至 2-1-4)。

在服装中小至纽扣、面料的圆点图案，大至装饰品都可被视为一个可被感知的点，我们了解了点的一些特性后，在服装设计中恰当地运用点的功能，富有创意地改变点的位置、数量、排列形式、色彩以及材质某一特征，就会产生出奇不意的艺术效果。

图 2-1-1 立体花型点

图 2-1-2 花瓣型点状

图 2-1-4 规则排列的点

图 2-1-3 不规则的点

二、线的运用

点的轨迹称为线,它在空间中起着联贯的作用。它具有长度、粗细、位置以及方向上的变化。它在空间中起着连贯的作用。不同特征的线给人们不同的感受。例如水平线平静安定,曲线柔和圆润,斜向直线具有方向感。改变线的长度可产生深度感,而改变线的粗细能产生明暗效果,将线按一定次序排列,还能产生视错感等(如图2-1-5、组图2-1-6)。

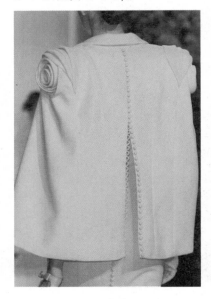

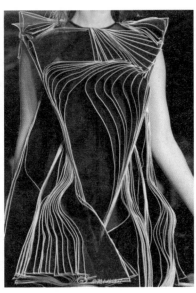

图 2-1-5 点的轨迹形成线　　　　　　　　　组图 2-1-6 装饰线的运用

线条的比例和均衡是服装设计师应具备的基本概念。服装线条包括服装的轮廓线、剪辑线、装饰线、褶裥线,以及服装各部件如领、袋、腰等等的造型线。

服装的装饰线包括镶边线、嵌线、细褶线、明缉线、波浪线以及线条形态的装饰花边等。装饰线运用得当,可使服装产生精致秀美的效果,同时也有助于体现服装特有的情趣。在服装设计中,装饰线的运用还可以通过腰带、肩线、波浪、流苏等来实现。如组图2-1-7 Maison Martin Margiela 的作品。

组图 2-1-7 Maison Martin Margiela 作品

三、面的运用

线的移动形迹构成了面。面能起到分割的作用，是服装款式设计中最强烈和最具量感的一个要素。面具有二维空间的性质，有平面和曲面之分。面又可根据线构成的形态分为方形、圆形、三角形、多边形以及不规则偶然形等等。不同形态的面又具有不同的特性。不同的面可以给人不同的感觉，如正方形具有稳定感；圆具有滚动感、轻松感；正三角形具有稳定、尖锐、强烈刺激感；倒三角形给人以不安定感（如组图 2-1-8 至 2-1-11）。

组图 2-1-8 对称式的色块分割　　　　组图 2-1-9 不规则面的分割

组图 2-1-10 对比强烈的块面分割　　　　组图 2-1-11 不同形状的面

四、体的运用

是指三维空间的实体，立体的形态组合要素是点、线、面、体，即由这四个要素共同组合成一个立体形态。体是自始至终贯穿于服装设计中的基础要素，设计者要树立起完整的立体形态概念。一方面服装的设计要符合人体的形态以及运动时人体的变化的需要，另一方面通过对体的创意性设计也能使服装别具风格。例如日本著名时装设计师三宅一生就是以擅长在设计中创造出具有强烈雕塑感的服装造型而闻名于世界时装界的代表人物，他对体在服装中的巧妙应用,形成了个人独特的设计风格(如组图 2-1-12、组图 2-1-13)。

组图 2-1-12 三宅一生的服装软雕塑

组图 2-1-13 服装体积感的设计

五、点、线、面、体的结合

点、线、面、体的结合,具有三维空间的概念。不同的形态具有不同的个性,同时从不同的角度观察,服装的整体也将表现出不同的视觉形态。服装设计形态组合要素是点、线、面、体,即由这四个要素共同组合成一个立体形态。服装是"流动的雕塑",设计师应该加强空间意识的培养与立体服装塑造能力,在服装设计中始终贯穿"总体"的概念,注意每一个角度的视觉效果与造型特征(如图 2-1-14、图 2-1-15)。

图 2-1-15
点线面体结合设计的服装效果图

图 2-1-14 点线面体的高度统一

第二节　形式美法则在服装中的运用

形式美基本原理和法则是对自然美加以分析、组织,利用并形态化了的反映。从本质上讲就是变化与统一的协调。它是一切视觉艺术都应遵循的美学法则,贯穿于包括绘画、雕塑、建筑等等在内的众多艺术形式之中,也是自始至终贯穿于服装设计中的美学法则。其主要有平衡、反复、比例、强调、对比、节奏、夸张、多样统一等几个方面的内容。

一、平衡

在一个交点上,双方不同量,不同形但相互保持均衡的状态称为平衡。服装设计中的平衡更强调的是人们视觉和心理的感受,有对称和均衡两种形式。对称是平衡最简单直接的一种形式,表现为对比的各方在面积、大小、质料等方面保持相等状态的平衡,传达一种严谨、端庄、安定的感受,但有时未免显得呆板无趣,常应用在军服、制服的设计中(如图 2-2-1、组图 2-2-2)。

图 2-2-1 对称图形在运动服中的运用

组图 2-2-2 色彩均衡在服装中的运用

二、反复

指同一事物多次重复或交替出现。在视觉艺术中点、线、面、体以一定的间隔、方向按规律排列,并由于连续反复之运动也就产生了韵律。这种反复变化的形式有三种,有规律的反复、无规律的反复和等级性的反复。这三

种反复的不同，在视觉感受上也各有
特点。在设计过程中要结合服装风
格，巧妙应用以取得独特的美感（如
组图 2-2-3）。

三、比例

　　比例的概念来自数学黄金分割
比，在服装设计中往往指的是服装各
部分的尺寸比、不同色彩的面积比或
不同部件的体积比等，如服装的褶皱
疏密的对比，厚重的外衣面料与薄如
蝉沙的内衣面料的面积比。服装设计
的比例会随潮流的改变而变化，不一
定绝对符合黄金分割比，但一定遵循
美 的 原 则（如 组 图 2-2-4、组 图
2-2-5）。

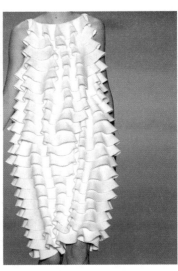

组图 2-2-3 褶皱面料在服装设计中的反复

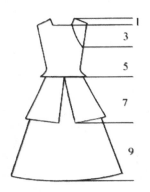
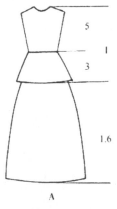

A　　　　　　　　　　B

组图 2-2-4 比例在服装上的运用

组图 2-2-5 蓝色和白色的面积比例服装设计

四、强调

服装须有强调才能生动而引人注目。所谓强调因素是整体中最醒目的部分,它虽然面积不大,但却有"特异"效能,具有吸引人视觉的强大优势,起到画龙点睛的功效。在服装设计中可加以强调的因素很多,主要有位置方向的强调,材质机理的强调,量感的强调等等,通过强调能使服装更具魅力(如图2-2-6、2-2-7)。

五、对比

是两种事物放在一起时形成的一种直观的效果。对比的认识运用于服装设计中,可以弥补或修补整体缺陷。例如利用增加服装中的竖条结构线或图案来掩盖较胖的体型。对比在服装设计中具有十分重要的作用,利用对比规律进行综合设计,能充分发挥造型的优势。

对比关系运用服装中,通常有色彩对比、材质对比、造型对比等(如组图2-2-8至组图2-2-10)。

图2-2-6 强调服装面料肌理　　图2-2-7 强调服装的外轮廓

组图2-2-8 立体与平面、透明与不透明的对比

组图2-2-10 服装中的色彩对比　　图2-2-9 皮革与羽毛的硬软对比

六、节奏

节奏、韵律本是音乐的术语,指音乐中音的连续,音与音之间的高低以及间隔长短在连续奏鸣下反映出的感受。主要体现在点、线、面的构成形式上(如组图 2-2-11)。

组图 2-2-11 不同的裙摆叠层设计与图案形成的节奏感

七、夸张

运用夸张手法,可以取得服装造型的某些特殊的感觉和情趣。多用与肩、领、袖、下摆等处。但用时要注意把握分寸,做到粗中有细,能放能收(如组图 2-2-12、图 2-2-13)。

组图 2-2-12 夸张的拉夫领设计　　　　　　图 2-2-13 翅膀型的夸张领子造型

八、多样统一

多样与统一的关系是相互对立又相互依存的统一体,缺一不可。在服装设计中既要追求款式、色彩的变化多端,又要防止各因素杂乱堆积缺乏统一性。在追求秩序美感的统一风格时,也要防止缺乏变化引起的呆板单调的感觉,因此在统一中求变化,在变化中求统一,并保持变化与统一的适度,才能使服装设计日臻完美(如组图2-2-14)。

组图 2-2-14 多样统一在服装中的运用

　　形式美的法则不是凝固不变的,随着美的事物的发展,形式美的法则也在不端发展,因此,在美的创造中,既要遵循形式美的法则,又不能犯教条主义的错误,生搬硬套某一种形式美法则,而要根据内容的不同,灵活运用形式美法则,在形式美中体现创造性特点。

思考题:

　　1、在掌握形式美法则的基础上,运用形式美法则设计一个系列的服装。

　　2、在理解形式美法则的基础上,搜集服装设计中点、线面运用的实例图片,并对其加以分析。

Fashion Design Theory and Practice

第三章
服装设计的
构成要素之
服装款式设计

第一节　服装廓型设计

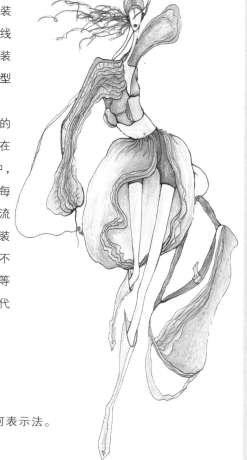

　　服装的外轮廓型态,简称廓型,是服装外部造型的轮廓,即人体着装后的正面或侧面剪影,也可以说是用线描出的人体着装后的外部边界线的型状。服装廓型是服装造型的第一视觉要素,能非常直观地传达服装最基本的特征,优美的外轮廓往往能给人们深刻的第一印象,因此廓型设计是服装设计的重要组成部份。

　　服装廓型是服装流行发展中的一个重要因素,它最能够反映时代的特点和风格的流行,是服装变化的重要依据之一。研究服装廓型,意义在于通过廓型把握服装造型的基本特征,在千变万化的服装款式设计中,抓住服装流行趋势的主流和走向。追溯服装的发展历程,服装发展的每一个阶段基本上都是以廓型的变化来描述的,如 19 世纪 20 年代开始流行的 X 型、19 世纪后期的蜂腰型、一战后迪奥设计的 A 型和 H 型服装均是服装史上具有典型意义的廓型。同时,服装的廓型还可以表现出不同的视觉效果,比如年轻的、古典的、夸张的、平静的、活泼的、优雅的等等,反映出穿着者的个性、爱好等内容,设计师们也往往通过塑造有时代特征的服装廓型来体现自己独特的风格。

一、服装廓型的分类

　　服装廓型分类的方法很多,常见的有字母表示法、物态表示法、几何表示法。

（一）字母表示法

　　用英文字母用来描述服装廓型是最常用的一种方法,字母简洁直观、型象生动地表达了服装廓型的基本特征。常用来描述服装变化的字母有 A 型、H 型、X 型、V 型等,而在现代服装设计中,所有对称的英文字母都可以用来描述服装廓型,如 I 型、M 型、Y 型、V 型、O 型等等。人体体形也可以用英文字母用来描述,不同廓型的服装适应不同人的体形特征。

　　1.A 型廓型

　　上窄下宽,型如字母"A"的服装外形,也称 A 型线(A line)、正三角型或正梯型的服装廓型。它具有上小下大的特点和活泼、潇洒、充满青春活力的风格。这种廓型是通过修窄肩部使上衣适体,同时夸张下摆而构成圆锥状的服装廓型。用于男装如披风、喇叭裤等,有洒脱感;用于女装如外套、喇叭裙等,有稳重、端庄和矜持感。此外,这种廓型把外轮廓线由直线变为斜线而增加了长度,进而达到高度上的夸张而有向上矗立感,宽大的下摆可遮掩臀宽、腿粗的缺陷,配上高跟鞋,更有凌风矗立、流动飘逸的感觉,深受女性(尤其是成熟女性)的青睐。

　　A 型廓型,起源于 17 世纪的法兰西摄政时代。第二次世界大战后,法国时装设计师迪奥根据女性心理又推出 A 型服装,并于 1955 年再次流行,1966 年流行的超短裙也采用 A 型廓型。A 型廓型的变化有:帐篷型、圆台型、喇叭型和鱼尾型等（组图 3-1-1）。

组图 3-1-1

（1）帐篷型。上紧下松，整体向衣下摆展开如帐篷的服装廓型，有稳定感，一般用于大衣和斗篷。

（2）圆台型。由肩至胸部单纯合身，自腰部向下散开，着装人旋转时衣摆或裙摆呈圆台型，风格生机勃勃，活泼潇洒，常用于晚礼服和长裙。

（3）喇叭型。上身为直筒型，臀部周围开始紧贴，臀部以下转换为用开散裙或褶裥拼接，裙摆大幅展开呈喇叭状的廓型，总体感觉有优雅、高贵的风格。短喇叭廓型适合于中青年人穿着，长喇叭廓型适合于中老年人穿着。

（4）鱼尾型。上身适体，臀或膝以下的衣裙忽然转换成鱼尾状散开，感觉别致有趣，多用于晚礼服和舞台服。

2.H 型廓型

长方型，型如字母"H"的服装外形，也称 H 型线（H Line）、矩型或方型。具有直筒状、不收腰的特点和简洁、秀长、端庄、安详的风格。这种廓型运用直线构成肩、胸、腰、臀和下摆基本等宽圆柱状服装廓型，或偏向于修长、纤细，或倾向于宽大、舒展。由于廓型线挺直而不贴身，所以穿上它没有明显的曲线，能遮掩体形的缺陷，只有在运动中才能隐约地呈现体形轻松飘逸的动态美。多用作外衣、大衣、直筒裤、直筒裙的廓型，适合于粗腰身或腿粗的成熟女性穿着。

这种廓型在第一次世界大战后的 1925 年流行过，在西洋服装史上曾被象征为新女性的诞生。1957 年法国时装设计师库利斯托巴尔·巴伦夏加再次推出，因造型细长，强调直线，有宽松感而被称为"布袋"样式，1958 年再度流行于世。H 型廓型的变化有：箱型、桶型等（如组图 3-1-2）。

组图 3-1-2

（1）箱型。上下宽度变化不大，背和胸两侧有些宽余量，纵向要求线条挺直、简练。

（2）桶型。上下收口，中间膨胀似酒桶的廓型。其短造型似气球或灯笼，多用于茄克衫；长造型似蛋型、椭圆型或 O 型，夸张肩部和下摆弧线，外形无明显棱角，服装较宽松，具有柔和别致的风格和含蓄、温和的美感。多用于外套，适合瘦高者穿用，能显得体态丰满、雍容大方，令人联想到高贵与富有。

3.X 型廓型

两头宽，中间窄，型如字母"X"的服装外形，也称为 X 型线(X line)、正倒两个三角型或正倒两个梯型相连接的复合型，充满柔和流畅的女性曲线美风格。X 型廓型是欧洲文艺复兴时期的产物，20 世纪 90 年代再度流行。这种廓型是通过略微夸张肩部和下摆，收小腰部而构成葫芦状的，由于它接近人体的自然型态曲线，是比较完美的女性服装的主要廓型，最适合有腰身的青年妇女穿着。但它有横向扩张感，矮胖体形者要慎用。

所谓 S 型，是 X 型服装的侧面投影，强调突胸、收腰、翘臀，能体现女性的曲线美，具有温和典雅的美感（如组图3-1-3）。

组图3-1-3

4.V 型廓型

上宽下窄，型如字母"V"的服装外形，也称为 V 型线(V line)、倒三角型或倒梯型的服装廓型。它具有上大下小呈倒三角型的特点，充满刚强、洒脱的男性风格。这种廓型是通过夸大肩部及袖山，缩小下摆，从肩部往下以直斜线方向经臀部向裙脚收拢而构成倒圆锥状的服装廓型。用于男装，能显示男子的健壮、威武、豪迈、干练的气质，如男西服的廓型。用于女装，可表现大方、精干、健美的职业女性风度，适合于臀部较小的人穿着，对于溜肩、平胸、粗腰的体形缺点有弥补作用，但它的指向性有向下压缩感，不太适宜身材矮小者。

V 型廓型在第二次世界大战后曾作为军服的变型流行于欧洲，20 世纪 70 年代末至 80 年代初，再次风靡世界。V 型廓型的派生变化有：T 型、Y 型等（如组图 3-1-4）。

（1）T 型。上宽下窄，型如字母"T"的服装外形，例如宽肩上衣配直筒型长裤或直筒裙的，或者宽肩窄摆的衬衫或袖平肩垂直于

组图3-1-4

衣身的 T 恤衫的廓型,具有洒脱、刚强的男性美。

（2）Y 型。强调夸张肩部,向臀部方向收拢,下身紧贴,型成上大下小的服装廓型。若用垫肩,则可发展成倒三角型或倒梯型。

由于服装廓型是以最简练的形式体现服装的基本风格,所以它是服装设计的根本和基础,就如同作曲时先定基调一样,任凭以后局部如何丰富发挥和最后成品款式构成如何精简,H、A、V、X 四种基本廓型是不变的。但服装造型的形式不是固定的,设计时要在基本廓型的基础上,进行多种形式的变奏（变化）,或将基本廓型加以增、减、组合,派生出多种廓型的变化。

（二）物态表示法

物态表示法是以大自然或生活中某一型态相像的物体表现服装廓型特征的方法。自然界几乎所有物体的外形都可以利用剪影的方法概括成平面的形式,再抽象成一个优美简洁的外轮廓,这些廓型经常被设计师借鉴运用到服装中成为某种物象型态的服装廓型。例如茧型、酒杯型、纺锤型、气泡型、沙漏型、帐篷型、旋涡型、圆屋顶型、箭型、花苞型、郁金香型等等。物态表示法新颖独特,便于识别,在服装设计中用得最为广泛（如组图 3-1-5）。

组图 3-1-5

（三）几何表示法

几何表示法是以特征鲜明的几何型态表现服装廓型特征的方法。当把服装廓型完全看成是直线和曲线的组合时,任何服装的廓型都是单个几何体或多个几何体的排列组合,如方型、圆型、梯型、长方型、三角型、菱型、锥体形等等,这种分类简单明了,整体感强,容易把握（如组图 3-1-6）。

组图 3-1-6

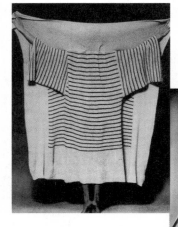

除了以上常见的三种表现廓型的方法外,还有叙述法,如紧身形、宽松型、自然型等;体态表示法,如公主线型、低腰型等;抽象法,如帝国型、卡地甘型(人名)等等。这种对服装外形轮廓的概括分类,有助于设计和推出产品型象,在现代服装设计中常常会出现多种廓型相结合、交叉的复合型廓型。同时,服装是以人的参与为前提条件的,随着人体的曲伸、扭动等运动变化,服装也呈现出千姿百态,所以廓型是活的,并非静态的几何型或物态型。另外,在一些后现代的服装设计师的作品里,服装的廓型已经被肢解,很难用以上分类来型容其造型。

二、服装廓型的设计要点

服装设计是以人体为主体的创造性活动,服装廓型充分地反映了服装和人体之间的一种关系。服装廓型的设计要点主要在肩、腰、臀、摆四个部位,它们之间的宽松收紧、比例分配、大小变化都能衍生出许多风格各异的服装设计效果。服装廓型的变化也主要是对这几个部位的强调或掩盖,从而型成了各种不同的廓型风格。

（一）肩

肩部的处理是设计师表现设计风格的一个重要部位。一般我们把肩部造型分为自然肩、平肩、宽肩、异型肩等四种类型。

女性肩部造型柔顺圆滑,自然造型的肩用得较多。自然肩特别能够体现女性的优雅与柔美。在工艺制作上自然肩也较简单,一般不用垫肩或用薄型的垫肩即可。

平肩、宽肩、异型肩都是经过工艺结构处理后的肩型,平肩和宽肩使服装看上去有男装的特点,这类肩型常常用在男装中,也是女装男性化的主要体现。异型肩常用在夸张、滑稽、怪诞的服装中,如表演装、性格装以及后现代服装设计师的作品里,如 20 世纪 80 年代意大利设计师皮尔·卡丹风靡欧美的翘肩女装,朋克教母韦韦安·维斯特伍德的褶皱肩和方型肩设计等。

（二）腰

腰部造型在服装造型中有着举足轻重的作用,变化非常丰富。根据腰节线位置高低可把腰部的型态变化大体分为高腰设计、中腰设计和低腰设计。服装的腰节线与人体的腰节线相对应时是中腰式,中腰服装比较端庄自然,如职业装设计中经常用中腰式设计;服装的腰节线高于人体腰节时称为高腰设计,高腰设计拉大了服装上下的比例,抬高了观察者的视线,使穿着服装的人显得修长而柔美,因此端庄典雅的礼服、婚纱等常采用这种设计;低腰设计则会使视线下移,给人以轻松随意的感觉,常用在休闲、家居服装设计中体现。

根据腰的围度可把腰部的型态变化大体分为宽腰设计和束腰设计。宽腰型的腰部松散,型态宽松自如,具有简洁、休闲的风格;束腰设计在腰部束紧,能使身材显得窈窕纤细、柔和优美,X 型就是最有代表性的束腰型设计。

另外,还有无腰型设计。无腰行的服装一般用在运动服、休闲服中,如椭圆型服装、圆型服装。有时在无腰型的服装上搭配上一根腰带又能改变服装的廓型。

（三）臀

臀围线的变化对于服装廓型的影响很大,在服装发展的不同历史时期,臀围线经历了自然、夸张、收缩等不同形式的变化。英国维多利亚时期贵族妇女为了夸张强调自己优美的曲线,利用各种衣料、内衬垫来扩大臀部的体积,使用多层衬裙,并用鲸鱼骨做内衬,达到无所不用其极的地步,创造出当时最庞大的裙子。以至于这些妇女需要有人帮助才能进出、坐下和取物。现在看来似乎有点荒谬,但是在那时候的确是一种风尚。臀围线的设计大多都体现在裙子和裤装上,如一步裙、塔裙、百褶裙、紧身裤、马裤等,都是运用臀围线的松紧和高低起伏做变化,让服装具有非常不同的外形。

（四）摆

摆就是底边线，在上衣和裙装中通常叫下摆，在裤装中通常叫脚口。影响衣裙下摆的主要因素有摆的长短、宽窄及底摆线型态。

衣摆的长短直接影响到服装外形线的比例、情趣和时代精神，是时尚变化的重要标志。如裙长的位置最高的时候在大腿根部，这一20世纪60年代末的经典裙型称为"迷你裙"，引导了半个世纪的流行趋势。

除了长度上的变化以外，衣摆宽窄的变化也是廓型变化的重要参数和流行指标。如常见宽下摆服装有"A"型、方型、斗蓬型；窄下摆有夹克、背心、紧身裤等。

此外，底摆线型态的变化也很丰富。直线型、曲线型、斜线型、圆型、对称型或平行型等，不同的底摆变化带给服装不同的风格变化。

三、影响服装廓型的关键因素

影响服装廓型的因素很多，归纳起来主要有以下两方面：

（一）比例

比例是事物局部与整体或局部与局部之间的数量关系，又称比率。如1:0.618的黄金分割比就被誉为最美的比例，千百年来一直受到人们的推崇，并得到广泛应用。服装的比例是为美化人体比例服务的。衣裙的长短宽窄可改变人体高矮胖瘦的观感，上短下长的服装比例如短上衣配长裙或长裤，重心高，使下肢有拉长感，显得矫健、优雅富有生命力，对双腿够长但较粗或太细的人最合适。上长下短的服装比例如长上衣配短裙，重心低，压缩了下肢的视觉长度，给人以持重、安静的感觉。如果上身是宽松而加长的T恤衫或长背心或长身的西装，则可以增加服装的成熟和稳重感，如果是收腰紧身上衣配上蓬型短裙，则流动轻盈；充满年轻魅力。另外，紧身衣服玲珑秀美，松身衣服洒脱豪放；短裙轻松活泼，长裙温文优雅。对于服装设计来讲，其比例关系主要体现在以下两方面：

1.服装各局部与整体之间的比例关系

服装本身各局部与整体之间的比例关系表现为被分割的比例，小面积与整体之间的比例关系就是被分割的比例。如肩线、腰线、边摆等处的大小或上下位置的移动，衣袖的长短、大小，分割线、省缝、褶裥的型状和方向，口袋的位置、型状及大小等都是引起廓型变化的重要因素（如组图3-1-7）。一般服装的各局部造型要服从整体造型，整体造型要有美的比例，同时要符合设计风格。

组图 3-1-7

2.服饰配件与服装整体的比例关系

服饰配件与服装整体的比例关系也称为被分配的比例，具体地讲就是在整体上考虑饰品的大小、多少及位置。准确无误地配戴一个能与整体产生协调美的饰品对廓型起到强调、装饰、修正的作用。如帽子的型状、大小；围巾的宽窄、长短及围系的方式都是服饰配件与服装整体的比例（如组图3-1-8）。在这个比例的分配过程中，既要将局部纳入整体，又要让配件充分体现其在造型中的焦点作用。在进行服装廓型的设计中，以上两种因素都要考虑到，才能共同构成比例美。

总之，衣长（或裤长）与身高的比例、肩宽与衣长的比例、衣服细节与服饰物之间的比例，都存在着黄金比例的关系。当然，各种比例在服装上的运用，必须以人的体形为依据，符合人体美的比例，并且必须在实际中适应不同的情况加以变化，才能获得理想的效果。

组图3-1-8

（二）面料

面料与服装廓型是密切联系的，它是服装廓型和风格的物质基础。面料的不同特性直接影响着服装廓型的外观塑造，因此在选择面料时要仔细考虑面料的性能、风格表现及立体成型后的效果。以下是几种常见的面料及呈现的服装风格效果。

1.柔软、光滑、轻薄型面料

一般柔软、光滑、轻薄的面料多用于春夏服装和礼服、演出服中，如织锦、雪纺、丝绸、涤纶等面料。这些面料高贵华丽、光亮醒目，其手感柔软、优雅飘逸。在进行设计时，适和离体的造型，成衣后可使穿着者的体形产生飘逸洒脱之感，有强调服装轮廓线的作用，给人曲线动人的视觉效果，常用于 A 型、H 型、X 型、喇叭型等服装设计中，但对于收身紧窄的服装造型设计则不太适合。

2.硬挺型面料

硬挺型面料主要有合成纤维类面料、麻类面料、皮革面料、大衣呢等。这类面料因挺括、张弛，不易随型合体，固不宜贴体设计，应发挥其挺括的立体效果，适用于制作夸张造型的服装。同时硬挺型面料还有修正体态的作用，因此体形较瘦的人和体胖者均可用此类面料来设计服装。

3.厚重型面料

厚重型面料主要用于冬装中,大多为毛织物以及混纺织物,如粗花呢、涤毛混纺织物等。这类面料一般给人稳重、成熟之感,同时具有手感丰厚、保暖性好的特征。服装造型重点主要集中在粗犷而温暖的观感效果上,以显示出自然野性之美。多用于男女式大衣、外套等服装,适宜简洁、大方的款式设计,如用于 A 型、H 型、V 型、公主线型等造型中。

4.弹性面料

常见的弹性面料有针织面料、高弹梭织面料等。弹性面料具有穿着舒适、便于运动的优点,常用于适体、休闲和运动服装设计中,可以充分展示着装者的型体美,适合体形较好的人穿着。当设计成宽松式的服装时,对任何体形的人都适合。

5.绒毛类面料

常见的绒毛类面料有兔绒、羊绒、驼绒、金丝绒等,绒毛类面料给人蓬松、温暖的感觉,有增大型体的作用,多用于塑造有体积感而线条柔美的设计,如 O 型、A 型、帐篷型等服装,适合瘦而高的人穿着。

第二节 服装分部设计

服装分部设计又叫服装的内部结构设计,服装分部设计具体可包括领、袖、肩、门襟、口袋和腰部等的造型设计。服装廓型设计与内部结构设计是服装造型设计的两大重要组成部份。服装廓型的变化影响和制约着服装内部结构设计;服装的内部结构设计除了有一定的实用功能外,在服装整体设计中具有很强的功能性和装饰性,它不仅使服装款式变化丰富,充实了服装的主题与风格,还常常起到画龙点睛的作用。

一般来说,服装的内部结构设计要为服装廓型服务。首先,服装的内部结构设计要与服装廓型的风格一致;其次,在处理服装的内部结构设计时,不能面面俱到画蛇添足,要做到有主有次,取舍得当,恰到好处,使服装的整体造型既协调统一,又丰富多变。另外,服装内部结构中的局部细节之间也应主次分明,相互关联。局部变化要充分地表达出作品的内涵,设计点不能太多,不然会使人眼花缭乱。另外,在服装内部结构的设计中,每一个部位都要设计师仔细反复的推敲思考才能定位。

一、领子

(一)领子的功能及构成要素

脸部是人体的视觉中心部位,因此衣领在整体服装设计中占有重要的地位。领子不仅具有防风固沙、御寒保暖、调温散热等保护脸部的服用功能,还能弥补脸型、下颌、颈、肩的缺陷,具有一定的修正功能,领子能强化和突出服装造型的视觉艺术效果,富有很强的装饰意味。

衣领外观式样千变万化,十分丰富,其构成要素有:领线型状,领座高低,翻折线的特点,领轮廓线的型状,领尖修饰、领型宽度、领面装饰等。正确选用领型,使领子的型态与服装的整体造型构成一个新的完美的造型型态,是领型设计的要点。

(二)领子的分类

领子的造型极为丰富,既有外观形式上的区别,又有内部结构的不同,每一种类型的领子都有自身的特点和对于主体造型的适应关系。在设计时,可依据不同的服装种类、不同的体形特征和不同的功能需要选择相应的领子结构与形式。常见的领款式样有无领、立领、翻领、平领和驳领等类型。

1、无领。这是领型中最基础、最简单的一种(如图 3-2-1)。也就是说衣身上没有装领的领型,衣身领口的线型就是无领的型态,它保持了服装的原始型态,多适用于夏季服装、内衣、礼服的领型设计,效果简洁整体。但这种领型对服装与人体颈肩部的尺寸关系要求极高,如领口的大小、高低、松紧等等,既要与服装整体协调,又能适合人体穿用,如果领口过大使穿衣者在低头弯腰之际不得不"照顾"它,则称不上优雅与协调;反之,领口太小,领子的造型再漂亮,穿着不舒适也是枉然。所以无领的设计造型时,要把握住人体颈肩部的型态特点。通常无领的形式有一字领、V型领、方型领、船型领、偏领等,不同的形式再采用内翻边或外翻边、滚边或镶嵌、点缀等工艺手段处理,效果将更丰富。

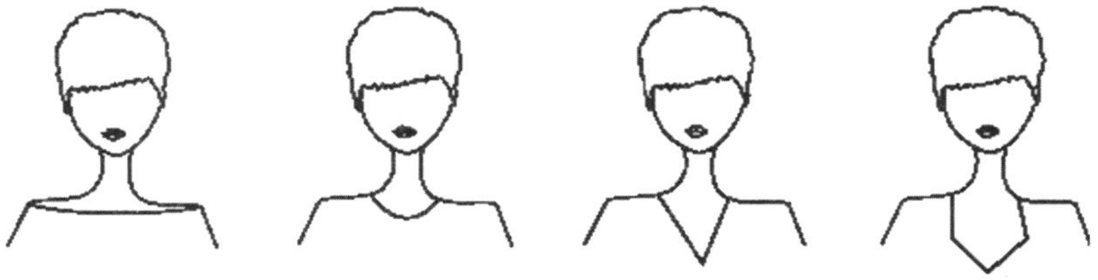

图 3-2-1

2、立领。围绕颈脖,垂直而立有领座或领面的领型为立领(如图3-2-2)。立领呈封闭型,不仅保暖实用性较强,更显端庄严谨,多出现于中山装、军便装、学生装、中式服装中。在立领的领型变化中,可通过领面型态的变化,如领尖的方圆、曲直、大小;领座的高低、松紧变化,来调整和丰富立领的造型风格。立领的造型多适用于颈长之人,颈短的人不可冒然尝试。对手希望引人注目、表现独特时尚品位的人来说,不妨试试这种领型的变化形式,如中式领、连立领、系结领等。

图3-2-2

3、翻领。这是日常生活中常见的领型之一,变化丰富,适用面广。根据这类领型的组成特点,变化多在领面的宽窄长短,领子开口位置的深浅大小,以及领外口线型的变化上,因而又有简单的关门领、西服领等多种形式(如图3-2-3)。 关门领又称"衬衫领",多用于衬衫及外套中。造型简洁,领口线型环绕颈项部,一般变化在于领面和领外口线。

图3-2-3

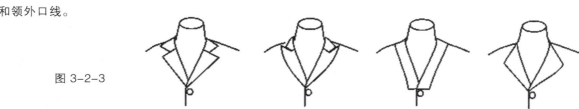

驳领也是翻领的一种,是将衣领和驳头相连,有翻领宽和底领宽,领子穿着时翻领和驳头一起翻折打开的领型。常见的驳领有西装领、铜盆领、青果领、燕子领、丝瓜领、大翻领、双层叠驳领,西服领也即常说的翻驳领,是带驳头的一种领型,通常领子开口位置较深,领面较长,注重领子凹口角度的变化,有平驳领、枪驳领及连驳领等等形式,多用于西服、外套、大衣中,有阔胸宽肩的作用和庄重规整的视觉效果。

4、平领。这是一种仅有领面没有领座的领型,前后领都贴伏于前胸后背,故又称"坦领"(如图3-2-4)。变化较注重领面的大小宽窄及另外口线型的型状,因其体量感多较大于一般的领型,所以易衬托出着装者的脸型,在童装、女装、孕妇装中用的比较多。其变化形式有海军领、圆领、连帽领、披肩领、波浪领等,具青春朝气之感。

图3-2-4

以上是常见的几种领型,在实际应用中,往往有很多组合运用的变化,如披肩立领、双青果领、荡领、立驳领等等。此外,在以上六种领型基础上变化而来有较强装饰性的领型可以称为装饰领。如关门领侧开、后开;无领夸张到露肩和胸的无带领;立领加强其厚度和体积感等等;以及工艺手段和装饰品的运用,使领子更具陪衬和点缀作用。

(三)领子的设计要点

领子是服装的重要部件之一,它与主体服装结构是相互配合、相互补充的关系。在领型的设计中,应遵循以下的要点:

1.了解各种领子的类别和设计方法。

2.设计的领型应该符合该服装的风格和当下流行趋势。

3.充分理解人体体形、脸型、颈部结构特征和颔、颈、肩的关系，以人体颈部为设计基础，处理好不同领子款式和领口的吻合关系。

4.功能性是领子设计首先满足的条件，要考虑年龄、气候、场合、面料、色彩、图案等因素。如图 3-2-5 为多款领型设计效果图。

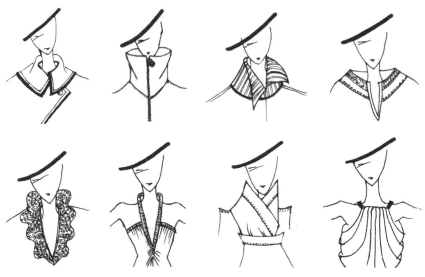

图 3-2-5 各种领型的设计

二、袖子

（一）袖子的功能及构成要素

衣袖是服装的重要组成部件，承担着功能性与装饰性的双重统一。衣袖的结构造型极其丰富，其构成要素主要有袖山、袖窿、袖口三个部位，由这些因素型成衣袖的整体造型。

（二）袖子的分类

衣袖的分类方法很多，通常是按照衣袖的装接法可分为无袖、装袖、插肩袖、连袖四类（如图 3-2-6）。

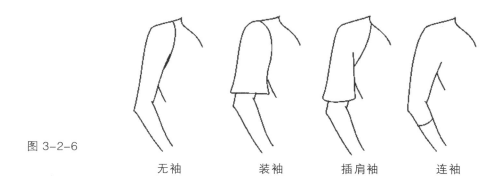

图 3-2-6

无袖　　　　装袖　　　　插肩袖　　　　连袖

1、无袖。是肩部以下无延续部分，也不另装衣片，而以衣身的袖窿为基础来进行变化的一种袖型，无袖也称肩袖，或者略放长小肩和前胸宽，成为极短的连袖式。无袖的造型活泼多变，穿着效果轻松自然、浪漫洒脱，可以充分显示肩部和手臂的型体美,适合于夏季服装和背心式衣袖造型,但肩太瘦削或臂大胖肥者,不宜用此袖型。一般可以在袖窿处进行镶边、滚边、饰边等工艺处理或通过装饰点缀来变化。

2、装袖。是衣袖和衣身分开裁剪,再经缝合而成的一种袖型,又称接袖。装袖属于传统式样的典型袖型,装袖是根据人体肩部及手臂的结构进行自然造型,袖子与衣身在人体的肩关节处相互连接,缝合线一般刚好位于肩和臂的转折处。装袖美观合体,符合人体动作的需要,对工艺水平要求较高,西装袖是典型的装袖,它符合人体肩臂部位的曲线,外观挺括,立体感强。装袖具有造型线条顺畅、穿着效果平整适体、端庄严谨的特点,适用范围很广,特别在制服中用得很多。一片装袖多用于男女衬衫、和茄克衫;两片装袖,通常称为西装袖,多用于男女外衣。装袖的型态繁多,有平装袖、圆装袖、主教袖、羊腿袖、泡泡袖、披肩袖、垂褶袖、灯笼袖、花瓣袖等。

3、插肩袖。是袖片从腋部直插领口的一种袖型,即衣片与袖子的连接由人体的腋下经肩内侧一直连插到领围线而成,介于连袖与装袖之间,又称装连袖、过肩袖。插肩袖袖窿较深,袖山肩部被袖子覆盖,其造型线条简练明朗,穿着效果平服合体、洒脱自如。由于它将袖窿分割线由直线转为斜曲线,使得肩部与袖子连接在一起,在视觉上增添了手臂的修长感,适宜设计于运动服和适宜自由宽博的服装款式。有时为了适用于较大的运动量,也可以在腋下加角、加片,来满足运动的需要。插肩袖的装拼线可根据造型需要而变化,并且可以在袖山弧线和袖窿处收裥、加花边等装饰性变化。

插袖在结构上有全插袖、半插袖之分。工艺上有前插袖后装袖、后插袖前装袖之分。裁剪上有一片袖、两片袖、三片袖之分。一片袖多用于茄克衫,两片袖多用于西服和男女外衣,三片袖多用于大衣和风衣。插袖的插肩缝线的走向多变,如抛物线型、肩章型、马鞍型等等,通过袖窿线的变化,可以创造各种各样的服装款式。

4、连袖。是衣袖肩部与衣身连成一体的一种袖型,又称连衣袖、连身袖、连裁袖。其肩部平整圆顺,线条柔和含蓄,穿着效果宽松飘逸、高雅优美,别具一番东方情调,也称为中式袖,因为中国传统服装多以此类衣袖为主,如我国传统的中式棉袄,80年代的蝙蝠袖都是这种袖型,袖身和肩线呈180度,平面直线裁剪,没有生硬的结构线,能保持上衣良好的平整效果,衣袖下垂时,构成自然倾斜或圆顺的肩部造型,腋下出现微妙的柔软折纹,浪漫唯美,多用柔软轻薄的衣料制作。连袖多出现于夏季短袖衫和冬季外衣中,在时装和日常休闲时穿的长衫、晨衣、浴衣、家居服、海滩服和运动服中也常被采用。

除了上述的分类方法,还可按裁片数目把衣袖划分单片袖、两片袖、三片袖及多片袖;按袖的长短可分为长袖、七分袖、半袖、短袖和无袖;按照袖子的型态特点可分为圆袖、泡泡袖、蝙蝠袖、灯笼袖、衬衫袖、T恤袖等(如图3-2-7)。

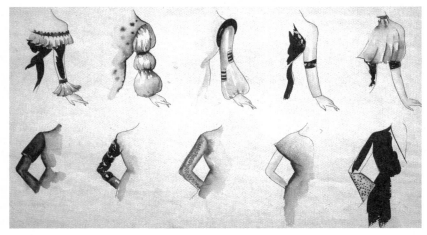

图 3-2-7

（三）袖子的设计要点

1、袖型。肩袖的造型结构变化对服装的外形影响极大，现代的服装设计十分重视肩袖的结构设计。袖型可以有很多种变化，可夸张、可仿生、可组合。肩位的高低对袖型有一定的影响。肩线分为三类：自然型、耸肩型、溜肩型。自然型的特点是衣肩的倾斜轻松自如；耸肩型的衣肩要保持水平状态，可以采用内衬垫肩或借助袖山加大体积来解决，也可以采用特殊的结构设计来实现；溜肩形式可以通过长肩缝线的方法来达到改善目的。

2、袖山。袖片上袖根隆起凸出的部位称为袖山，袖山有美化、弥补肩部的作用，决定着肩袖部的造型。袖山的高度决定着袖子的合体程度和肩部活动的受限程度，通常袖山越高越合体，抬臂受限制；相反袖山越低，袖型不甚合体，而抬臂却不受限制。

在时装设计中常常借助袖山的体积和结构来实现多变的造型风格。为了塑造挺拔棱角性的款式可采用装袖，并可利用填充衬垫，改善外形。在袖山的处理方面还要考虑面料特性，由柔软面料设计制作的轻便服装，在袖山处要保持丰满，可利用褶皱在肩峰处做出高耸的锯齿状褶襞，型似"鸡冠状"。在这种上部高耸膨胀的造型上，从手臂的肘部着意收缩，又可以型成"羊腿袖"式样的造型。

3、袖口。袖口的设计起着调节整体结构，活跃气氛的作用，有以点带面的视觉效果。袖口的形式广为繁多，对其处理也是很讲究的。一般我们把袖口分为收紧式袖口和开放式袖口两大类。常见的袖口形式有衬衫袖口、外翻袖口、喇叭袖口、荷叶袖口等。袖口大小、宽窄、口型、底边的曲直斜、开门方式、开门位置、开门长短、边缘装饰及卷袖的变化。

袖型、袖山、袖口的灵活组合与变化，给服装设计提供了具有良好的以型造意能力。一般袖子的结构造型应与衣身的结构造型风格一致，要符合服装的整体形态及人的气质特征。肩袖的设计必须适应人体上肢的结构和活动规律，袖型设计要满足肩关节和上臂运动，袖山要圆顺饱满，袖口造型要利于腕部运动。整个衣袖在动静中要呈现流动飘逸的美感，如图3-2-8为多种袖型的设计效果图。

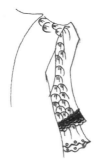

图 3-2-8

三、门襟

门襟是服装造型布局的重要分割线，也是服装局部造型的重要组成部分。它和衣领、纽扣或塔袢互相衬托，和谐地表现服装的整体美。门襟还有改变领口和领型的功能，由于开口方式不同，能使圆领变尖领，立领变翻领，平领变驳领等。门襟和纽扣的不同配置，使服装产生严肃端庄、稳健潇洒、轻盈活泼的不同效果。

（一）门襟的功能及构成要素

门襟指的是衣服前领下的开口部位,它不仅具有穿脱方便的实用功能,还有很重要的装饰功能,它对衣领起衬托的作用,是除领之外的又一个重要的部件设计。门襟一般由叠门、大襟、里襟三部分构成,左右重叠部分称为叠门,叠门的大小对门襟的式样、纽扣的配置及其它连接件的应用,都起着重要的作用。重叠时露在外面的为大襟,里面的为里襟。

（二）门襟的分类

门襟的种类很多,有很多种不同的分类方法,但归纳起来,按造型形式,可分为对称式门襟和非对称式门襟两大类。

对称式门襟:服装以门襟线为中心轴,造型上左右完全对称。是最常用的一种门襟形式,能表现端庄、娴静的平衡美。

非对称式门襟:门襟线离开中心线而偏向一侧,造成不对称效果的门襟,又叫偏门襟。这种门襟能表现出生动、活泼的均衡美。

中国传统服饰的特色之一是门襟形式的多样化,有对襟、大襟、掩襟、琵琶襟、一字襟和八字襟等。如对襟是左右对称的门襟,现代服装仍常使用;一字襟是上下对称的门襟有很强的形式感,实用功能也很特殊,如穿在袍内的马甲,不用脱袍就能脱下;八字襟是一字襟的左右两端往下垂;大襟是不对称的,它是胸前中缝右面一块从领口朝肩头斜开直到腋下用纽袢扣系的门襟;掩襟是襟线由肩以下直线往衣襟走,正面可以看到纽袢,纽袢上还可以挂手帕和饰品的门襟;琵琶襟是清代服装襟式,在袍或褂的右襟裁下近似方型的一块,滚上缘边,然后再用纽扣绾住,以便骑马行走,俗称"缺襟",它是大襟和掩襟的变种,由于襟线的转折犹如勾勒出琵琶的半个轮廓,因此而得名。此外,常见的门襟式样还有叠门襟、斜门襟、暗门襟、贴门襟等（如图3-2-9）。

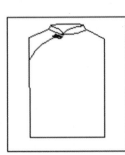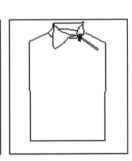

图 3-2-9

如半开襟常用于连衣裙、T恤衫、短衫、套头衫等式样中,与不同衣领的组合后,会产生轻松、活泼的外公观效果。而贴门襟是在门襟处向外翻出贴边的一种门襟效果,用于西式男衬衣、猎装、轻便夹克及休闲类服装中。

（三）门襟的设计要点

1、门襟的设计,以穿脱方便,布局合理,美观舒适为原则,其造型要注意门襟与领、袖、袋的互相衬托、互相呼应;更要注意门襟与衣身造型风格的协调统一。

2、门襟的设计重点主要在式样、位置、长度、宽度四个方面。门襟的式样上面已经说到;门襟的位置通常有正开、偏开、斜开、弧线型开襟等形式;门襟的长度可根据款式的需要分为半开、通开;门襟的宽窄也可以随服装样式需要而定（如图 3-2-10 ）。

图 3-2-10

3、门襟的装饰手法应与其他各局部的方法相互协调、衬托。在门襟设计上可根据衣领的不同变化，装饰花边、扉边、加牙、辑明线等，门襟的开合可以用各式纽扣或拉链、系带、搭袢等加以固定。

4、门襟的色彩和工艺设计也要符合服装的整体风格，如色彩可以与服装底色一致，或者以对比色强调，其工艺可以与上端的领型和下面的下摆造型风格一致，衔接自然。

四、口袋

（一）口袋的功能及构成要素

口袋是部件设计的重要一环，除满足人们随身携带的小物品的实用功能外，还能丰富服装结构，增加装饰趣味，随着人们生活习惯及生活观念的改变，服装上口袋也不断根据人类的需要和审美的变化而不断翻新花样。

口袋的构成要素主要有口袋和袋盖与衣片的关系、大小、位置的高低、型态的特征。

（二）口袋的分类

1、贴袋。贴袋又称明袋，是将袋布面料裁成一定型状，直接贴缝在服装表面上的一种口袋。这种口袋制作简便，可以自由变化外形，任意造型和装饰，袋的接缝线也具有很强装饰性。这种袋一般用本色面料制成，不易开破，故而可以用作服装耐磨部位的设计。如童装上的贴袋，常常采用彩色拼贴、收褶、刺绣和图案，或设计成水果、小动物、小篮子、小船等，体现功能性与装饰性的双重作用（如图 3-2-11 ）。

图 3-2-11

2、挖袋。挖袋是将衣料破开成袋口，内装袋布的一种袋型，又称开袋、暗挖袋。例如男西服的手巾袋和腰下左右两个有袋盖的大口袋，都是挖袋。挖袋的特点是袋体在衣服里面，夹在衣服的面料和里料之间，外面只露出袋口或袋盖，具有衣服表面型象简练，衣袋容量大而隐蔽的优点，缺点是需要破开整块面料。挖袋的表现形式，可分为单嵌线、双嵌线，有盖袋和无盖袋，根据服装造型的不同可选择袋嵌的宽窄、挖袋的方向、袋盖的外形等（如图3-2-12）。

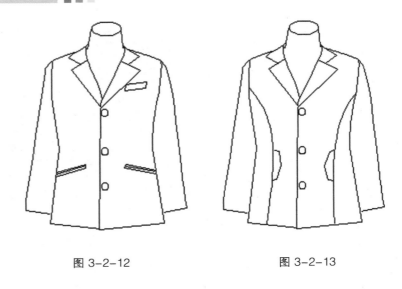

图 3-2-12   图 3-2-13

3. 插袋。插袋是缝制在衣缝内的一种袋型。即在前后两层衣片之间，内衬袋里布，在缝线中间留出袋口的袋式，又称暗插袋、夹插袋或隐袋。位置一般在衣身侧缝、公主线缝、裙子侧缝上，袋口采用镶边、嵌线、加袋口条、缝袋盖或加花边等装饰。插袋的特点是袋口和袋布都隐蔽，能保持服装表面光洁，不影响服装的整体感和服饰风格，而且装物方便，是一种实用、简练、朴实的袋型。缺点是衣袋位置受衣缝结构的影响，局限性较大。

缝内袋又称暗袋，是插袋的一种，指的是袋口在衣片的的结构缝合线中，袋布在衣片的内面。缝内袋很隐蔽，主要是考虑其实用功能，也可以加明线装饰，加袋盖和镶边等，产生不同美感，常应用于高级成衣中，体现成熟、宁静的效果。插袋的工艺制作要求平服、细致（如图3-2-13）。

4、其他袋型。除了上述几种主要的对服装表面造型具有影响的口袋形式外，还有诸如一些假袋、里袋等，也都由基本的几种袋型发展演变而来。只是位置、功能有所不同。里袋的形式有如前述几种，只是它的位置放在了衣服内侧和里面，具有一定隐蔽性，故多用于西服、大衣、外套、风衣等；假袋则是为了追求某种效果的纯装饰性口袋，外观和真口袋没有区别，只是不能存放物品，没有实用价值，其形式也有贴袋、插袋式样。

（三）口袋的设计要点
1.口袋的大小要以适合人手的插放为基本原则，同时要与衣身的面积比例协调。

2.口袋的位置要方便手臂的插放、不妨碍人体动作需要，袋与领、肩、袖等的视觉型态要和谐，布局合理，结构匀称，观感舒适。

3.口袋的式样首先取决于服装的造型，要与服装造型款式、功能相配置，组合运用多种袋型，创新款式，使其富于变化，显示出比例美和节奏感。其次要考虑色彩与材质，比如高档毛呢服装在前衣片上采用挖袋形式，就不理想，以各种贴袋为宜，透明织物服装，丝绸一类的轻薄服装或紧身衣均不宜做口袋。

4.口袋的装饰手法如刺绣、绗缝、加扣、缀环等都要与服装整体风格相统一。

五、腰带和腰头

腰带与腰头是服装整体造型中重要的组成部分,作为视觉上的分割线,腰带是服装中构成形式美的手段之一,它可以修正人体比例、增添美感,还具有保护腰部,保暖塑型的功能。

(一)腰带和腰头的构成及分类

腰带是指上装或上下相连服装腰部型状的设计。腰带变化丰富,其设计主要是采用省道的设计、褶裥设计、抽褶设计、或使用松紧带、罗纹带、纽结、袢带、腰带等来进行设计,通过腰部的宽窄,叠门的变化,袢带的大小、数量,以及扣子的位置和式样等来进行变化(如图3-2-14)。

图 3-2-14

腰头是指在下装腰部直接相连的部分,是下装设计的重要部位之一。腰头的宽窄、粗细型状以及腰带扣的造型和扣系方式直接影响下装的外观效果。腰头按位置高低可分为高腰型、中腰型和低腰型三大类型(如图3-2-15)。

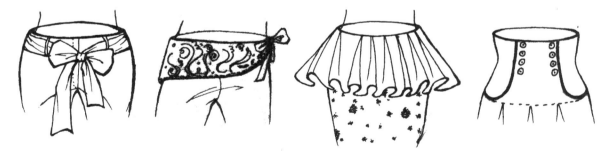

图 3-2-15

(二)腰带和腰头的设计要点

腰带与腰带的式样应适合穿着者的体形。

腰带与腰头的造型特点要与服装的整体造型相协调。

腰带与腰头的装饰细节和工艺可以成为整个服装视觉的点睛之笔。

腰带与腰头的设计应符合当代流行趋势特点。

第三节 服装细节设计
第三节 服装细节设计

　　服装的细节是指服装的局部造型及装饰,是服装廓型以内的零部件的边缘型状和内部结构的型状。服装的细节是设计表达的显要部分,当服装的基本款式确定之后,细节的组织就显得尤为重要,聚集着设计师丰富的情感和智慧的想象。服装细节设计除了服装的领、袖、口袋、门襟、省道、皱褶、图案、扣结等零部件之外,还包括服装的装饰手法、工艺表现及面料处理等。这些千变万化的细节设计不仅能使服装更符合形式美法则,还可以增加服装的机能和装饰性,是服装设计师进行艺术创作时必不可少的手段。

　　服装设计师在把握服装的整体造型、色彩及面料时,往往要参考到国际流行趋势的动向及巴黎、纽约、米兰、伦敦、东京等地国际服装设计师的影响。而对于服装设计师来说,在服装细节设计上的创新是区别于他人而展现服装亮点的秘诀所在。如著名服装设计师三宅一生就是在面料皱褶处理上找到了突破口而设计出了"一生褶"系列而闻名于世。因此,服装设计师有必要掌握一些服装细节的设计要点和设计方法,以便更好地应用于服装艺术创作中。

一、服装细节设计的类别

　　视点即视觉焦点,设计视点是指在艺术设计中设计师所表达的设计思想集中体现的视觉焦点。在服装艺术设计中,细节的设计视点除了体现在服装的装饰部位、型态设计、工艺手段、面料设计及附件设计上,还体现在各种服装风格的表面装饰上,而前者的设计视点是大家熟知的,在服装风格的表面装饰细节上,可以从结构裁剪性细节、功能性细节、装饰性细节以及边饰性细节等四个方面来考虑。

　　1、结构性细节设计

　　结构是指物件各个组成部分的组织和排列。服装的结构性细节即局部结构细节,包括服装裁剪细节。服装的结构因素大体上可分为领、袖、袋、腰、分割线、省、褶、沿口、边摆、工艺等。服装在沿袭、渐变等发展过程中,虽然各结构因素的外在形式有以往型成的固有模式,但却时时变化发展着。如一件夹克衫,不同的过肩分割方法和工艺变化,会使普通的夹克产生结构上的变化,而达到不一样的视觉效果。又如,衣衫的胸省改用细小的褶皱处理,不但功能性不受影响,而且能为服装增添更多时尚元素。因此,在设计过程中变换或调整服装的结构性细节,能使原本呆板、平面、单调或严肃有余的服装款型变得生动、立体、丰富、活泼。这种设计手法是设计师丰富服装形式美的有力武器和制胜法宝,尤其在时装设计中更是被广泛地运用,如图3-3-1所示服装便是运用了结构性细节设计。

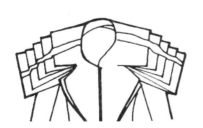

图 3-3-1

2、功能性细节设计

功能即事物或方法所发挥的有利的作用。设计中的细节,许多是因为需要才设置的美化,一般是在与功能的有机结合上体现。服装的功能性细节是指服装的局部设计除了起到美化效果外,还强化了服装的功用和性能。例如,普通的绳子或带子运用于服装细节设计之中,首先是强化了服装的外观,其次还具有了更多的新用途。如服装的前胸、衣片的拼合线、后背、腰部用编织材料进行装饰时,不仅能使服装适体,还能在服装的功用上起到缩紧、加固等作用,增强了服装的灵活性和可穿性。又如,在窄紧的一步裙的两侧开衩处加入烫褶雪纺或蕾丝,不仅增强了服装的对比效果,还能使穿着者更轻松地迈步,方便行动。这些功能性细节设计在服装艺术设计中越来越被广泛地应用。如图 3-3-2 所示服装便是运用了功能性细节设计。

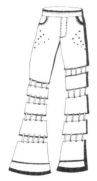

图 3-3-2

3、装饰性细节设计

装饰是指在身体或物体的表面添加些附属的物品,使之变得美观。服装常用的装饰手法有刺绣、钉珠、立体化、钩编、镂空、打磨、做旧、缉明线、镶边、包边、流苏、印染、手绘等。在服装艺术设计中,装饰是不可或缺的设计手段,它能增加服装的附加值,丰富服装的款式与功能。因此,设计师应尽量掌握各种装饰设计手法。

在服装设计艺术中,服装的风格一旦确定,其装饰性细节也就相应地确定了。如优雅、高贵的晚礼服上适合装饰与之风格相匹配的立体化、钉珠、刺绣等细节;牛仔服装硬挺、粗犷,适合以流苏、做旧、打磨、水洗、猫须等风格进行装饰设计;童装稚趣可爱,在设计中,可以运用各种可爱夸张的卡通图型或艳丽的色块拼接来进行装饰,增强其轻松、活泼、趣味等特点。总之,廓型和结构越是简单的服装,越合适做装饰性细节设计。反之,廓型和结构越是复杂的服装,就不宜在上面添加更多的装饰细节了,以免喧宾夺主或画蛇添足。如图 3-3-3 所示的服装便是运用了装饰性细节设计。

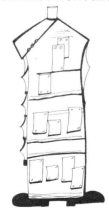

图 3-3-3

4、边饰性细节设计

边饰即边缘或边角的装饰。在服装艺术设计中,边饰常表现于服装的领边、笼边、袖口边、下摆、裤脚口等处。当服装在完成其基本制作工艺时,上述边角的处理便成为设计师加入细节设计的最佳部位。尤其在女装和童装设计中,这种边饰性细节设计更是被广泛地应用。

常用做服装边饰的材料有蕾丝、花边、钩编、流苏、雪纺、珠绣等。如今这些材料也与时俱进,时换时新,有了更多的种类和装饰形式。如传统蕾丝可以通过钩针编织等方式与棉麻、雪纺、甚至牛仔面料结合为一体,型成更多的搭配;而浪漫飘逸的荷叶边装饰、层叠效果的花瓣装饰、纤细柔美的流苏装饰都是营造优雅、浪漫而又风情万种的服饰型象的最佳选择。同时,这些丰富的边饰性细节设计也为服装的整体设计注入了精彩的神韵。如图3-3-4所示的服装便是运用了边饰性细节设计。

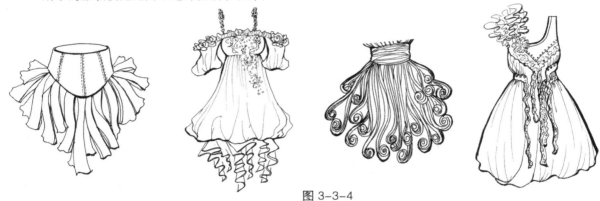

图 3-3-4

值得注意的是,服装的细节设计不是独立存在的,它与服装的整体设计是相辅相成的,并对服装的整体设计起到至关重要的作用。同时,服装各部分之间细节与细节的造型、材质、工艺等设计因素也要相互依存,相互协调,这样才能达到最佳效果。

二、服装细节设计的创作方法

可以被称之为细节的东西,通常值得特别端详和品位的。在人们的视觉感受中,细节通常是精彩、生动的点缀,能成为设计的点睛之笔。而一件服装的风格和基本外形一旦确定之后,会有多种细节布局与之相配,换言之,在这个廓型框架中可以变换多种细节设计。细节设计处理的好坏,直接关系到设计作品的成败,也反映出设计者的设计功底。因此,设计师掌握一些服装细节的设计方法往往能收到事半功倍的功效。服装细节的创作方法可以归纳如下几种:

1、材料再造法

材料是组成服装的先决条件和最基本要素,也是设计师的内心情感和创意构想的载体。材料再造法是指通过改变原有服装细节的材料而产生新的视觉效果。设计师可以按照个人的审美和设计需求,对现有的材料进行拼接、缝合、拆分、解构、压褶、钉绣等多种手法,从而达到材料创新的目的。首先,设计师应充分把握材料的特性,对各种材料制成服装后的效果有一个初步的设想。然后,对材料再造的可行性进行分析和探索,以免弄巧成拙。

材料再造法常用的技术和传统工艺有:印染、打磨、腐蚀、打孔、钉珠、刺绣、流苏、镂空、嵌饰、揉搓、手绘、喷绘、衍缝、抽纱、撕裂、编织、烧洞、镂刻(皮革、金属)、折叠(褶皱)、做旧、丝网印等。材料通过再造后被服装设计师赋予了新的面貌,它既可以用于服装的细节设计,又可以用于整个服装之中。相对而言,用于局部细节设计要比运用于整体服装设计中要简单、灵活得多。因此,许多成功的设计师已将材料再造作为其标新立异的设计手段。如三宅一生就是在材料创新上找到了设计的突破口,创造出独特而不可思议的褶皱面料,被誉为"面料的魔术师"。

2、工艺转换法

工艺转换法即在不改变服装原型的构成情况下,通过转换原有的工艺细节设计而型成新的设计方法。工艺设计是构成服装的基本要素之一,也越来越被设计师所重视。一套服装并不仅限于用一种设计工艺来完成,设计应该融会贯通,将多种工艺相结合。如一款两用衫,在工艺细节处理上可将原有的缝头朝里转换成缝头裸露在服装的正面,给原本较为正式的服装式样增添一丝趣味和休闲的涵义,也丰富了服装的视觉语言;而在牛仔、夹克等服装的结构分割或拼接处,用粗双线替换原有的细单线,能使服装更显粗犷的风貌。因此,巧妙地运用工艺转换法往往能使服装产生新的形式美,是设计师做细节设计处理时的常用技巧。

3、位移法

位移法是指对服装原型的构成内容不做实质性改变,只是移动局部细节的位置而做的设计。它可以是移动原服装的某个零部件、色块及图案的装饰部位等使服装达到另外一种形式美。以服装中的装饰图案为例,在不改变其纹样构成的情况下,将装饰图案进行移动,比如从前胸移动到两侧下方,这样图案的观测点就能从之前的一个方向扩大到现有的三个方向(前、侧、后),极大的丰富了服装的三维视觉效果和创意,使服装产生新的设计内涵。所以,位移法是一种既简单又有效的设计方法,关键是考量设计者敏锐的观察力和对整体设计的掌控能力。

总之,服装细节的设计是否得当,完全取决于它们在整体服装上的地位与作用,若喧宾夺主或画蛇添足,即使局部设计再"出彩",也会破坏服装整体造型的美感。因此,无论是服装细节设计还是型态设计,所有设计要素都必须服从于整体设计思想,统一在整体造型和风格中。一切细节设计与整体的关系体现了形式美的基本原理,并围绕着一个标准,即功能与美的统一。

第四章
服装设计的
构成要素之
服装色彩设计

Fashion Design Theory and Practice

第一节 色彩的情感特征

服装色彩是视觉传达中的一个重要因素，它能够有力地传递人的情感，在不知不觉中左右我们的情绪、精神及行为。当服装色彩组成一个丰富的色彩环境并且作用于人们的视觉器官时，就必然会出现视觉的生理刺激和感受，同时能迅速引起人们的情绪、精神和行为等一系列的心理反应。这个过程我们称之为服装色彩的视觉心理过程。人们对服装色彩的各种情绪表现与反应，都是随着色彩心理过程的形成而产生的。

一、不同色相的心理效应

从心理学的试验中所得到的结果看，被色彩诱导的情感，会因色彩种类的不同而各异。我们先通过色相环上的几个基本色相，来认识不同色彩性格所具有的客观表现效果和表现潜力（如图 4-1-1）。

图 4-1-1

（一）红色

在可见光谱中，红色光波最长，给人视觉上一种迫近感与扩张感。在我们观察色彩中，红色的感情效果同样也是富有刺激性的，给人活泼、生动和不安的感觉。红色性格强烈、外露，饱含着一种力量、热情、方向感和冲动，象征着希望、幸福、生命。

（二）橙色

在可见光谱中，橙色波长仅次于红色，它具有长波长导致的特性。因此，橙色比红色明度高，性格活泼，它让人兴奋，并具有富丽、辉煌、炽热的感情意味。橙色是有彩色中最温暖的颜色，它只有在发冷、深沉的蓝色中，才能充分发挥出它那具有太阳似的光辉。

（三）黄色

在可见光谱中，黄色的波长居中，但从光亮度方面来看，它却是有彩色中最明亮的颜色。它具有快乐、活泼、希望、光明等感受。与橙色比较，黄色则稍带点轻薄、冷淡的性格，这是明度高的缘故。从黄色的表现效果看，由于它的明度而造成一种尖锐感和扩张感，但却缺乏深度感。从其色性来看，黄色是所有色彩中最娇气的色彩。

（四）绿色

在可见光谱中，绿色的波长居中，人们的视觉最能接受绿光的刺激，对绿光的反应最显平静。绿色能使人联想起草地、山峦、蔬菜等具体事物，具有沉着、健康、安定等抽象感觉。绿色象征着大自然，可以表现充满希望与和平的安详形象。同时也象征着年轻与生命，给人新鲜、新芽般嫩绿的感觉。绿色性格柔顺、温和，是中性色的代表之一。

（五）蓝色

在可见光谱中，蓝色光波较短，仅次于最短波长的紫色。蓝色是天边无际的长空色，同时又使人联想到深不可测的海洋，表现出宁静、寂静、神秘、永恒等特性，具有高度的稳定感。蓝色也是冷色的代表之一，具有冷静、忧郁、孤独等感觉。

（六）紫色

在可见光谱中，紫色的光波最短。紫色是有彩色中最暗的颜色。紫色的暗度造成它在表现效果中呈现出一种神秘感，并显得最安静，给人以孤独、悲伤、消沉的感觉。此外，紫色有一种高贵、优美而神秘的感情，给人带来神秘、优雅、华丽、高贵等感觉。

（七）黑色

从色光角度来说，黑色即无光。黑色在视觉上是一种消极性的色彩。作为夜的代名词，它使人联想到黑暗、黑夜、寂寞、神秘，又是不吉利的象征，意味着悲哀、沉默、恐怖、罪恶、消亡。但是黑色的表情中也有其高雅、包容和大气的一面，如用黑色衬托其他有彩色，都能将这些颜色完全显露，绽放异彩。

（八）白色

在色光中，白色包含着色环上的全部色，故称之为全光色，常常被认为不是色彩。它自身具有光明的性格，同时又是一种内在的性格。它让人感到快乐、纯洁而毫不外露。白色有它固有的感情特征，既不刺激也不沉默，象征洁白、光明、纯真，同时又表示轻快、恬静、清洁、卫生的意思。

（九）灰色

灰色是白色、黑色的混合色，也是中性色彩，总的性格是柔和的、倾向不明的，好象它的形成没有自身的个性，没有声音、没有运动，处在一种无生殖力的状态中，灰色不显眼，但却重要，有灰才有纯、有鲜才有浊，灰色在与有彩色对比中能把所有与其对比的色推向鲜艳，使很多低纯度的色彩表现得色相感鲜明。完全依靠邻近色彩去获得自己的生命。

（十）金银色

金银色是一种最辉煌的光泽色。是富于典型金属色彩倾向的色系，即带有金属光泽的色彩，它们的美学属性使它们成为满足、奢侈、装饰、华丽、炫耀等需要的代名词，与任何色彩的搭配都能显露出自身的光辉特性。不同色彩组合的心理效应。

二、不同色彩组合的心理效应

前面我们有谈到色彩的客观性格以及相应的表现潜力，色彩除了以上所分析的一些心理效应以外，还明显地表现在色彩组合时的冷暖感、重量感、空间感等具有生理特征的心理效应。

（一）色彩的冷暖心理效应

视觉色彩的冷暖感受，是由于人们的心理联想而产生的。它是一个相对的概念，实际相比较而相成的。例如：红、橙、黄能使人联想到火、太阳、热血这些温暖而热烈的物体；青、蓝使人联想到水、冰、雪、天空这些寒冷而冷静的物体。而紫色与绿色处在不冷不暖的中性阶段，其中橙色被认为最暖，蓝色为最冷。无彩色总的来说都是中性色。

对色彩的冷暖感，日本木村俊夫曾做过这样一个实验：在两只烧杯内分别盛满同样温度的红色和青色的热水，让被测验者一面看着烧杯，一面将左右手分别放入水中，在回答两个热水的温度时，被测验者会说红色的热水温度比青色的热水温度高。由此可见，冷暖感原是属于皮肤的触感引起的，其实际作用在视觉——心理反映。各种色相支配皮肤冷暖感觉的顺序是：红、橙、黄、绿、紫、黑、青、白。在服装色彩设计当中，暖色服装有热烈、温暖、活泼之感；冷色服装有冷静、严肃之感。冬天的暖色内衣使人觉得温暖，触感也好；夏季的冷色衣裙使人倍感凉爽（如组图 4-1-2）。

组图 4-1-2

（二）色彩的轻重心理效应

色彩轻重的视觉心理感受与色彩的明度直接相关。这种感觉方式也很清晰，明度高的色彩给人以轻的感觉，明度低的色彩给人以中的感觉。轻重感与色相关系不大。例如：白色、浅蓝色和天蓝色、粉绿、淡红等高明度色，不管人们如何联想，总会给人一种轻而柔的感受；而黑而暗的色往往给人以重而硬的感受（如组图 4-1-3）。

组图 4-1-3

色彩的轻重感不仅给人一种心理效应，而且还会影响人的行为。1940 年，美国纽约码头工人举行罢工，其原因是他们搬运的弹药箱太重，于是，色彩专家贾德教授就建议将弹药箱由暗的黑色改漆为浅绿色，而弹药箱的重量没有变，结果罢工停止了，也没人埋怨叫苦了。在伦敦有一座名叫布莱克弗赖尔的桥，它以经常有人从它那黑铁架上跳河自尽而闻名。后来，当铁架改漆成谈蓝色后，自杀的人数几乎减少了一半。可见，黑色不仅给人一种重量的感受，同时也给人一种很压抑的心理效应。

在服装设计上，人们的服装如果上白下黑就会有稳重、严肃之感；反之上黑下白会使人觉得轻盈、敏捷、灵活。

（三）色彩的进退心理效应及膨胀与收缩心理效应

色彩的进退以及膨胀与收缩的视觉心理感受是由色彩的色相和明度决定的。在生活中，我们可能会犯这样的错误，立在我们面前距离相等的两块牌子，我们会说橙色牌子离的近些，而蓝色牌子离得远些。用白纸剪两块大小一样的图形，给一块涂上黑色，黑色的那块就明显缩小了，这就是色彩的前进感、后退感、收缩感、膨胀感。一般情况下，暖色和高明度色，如朱红、淡黄，会有前进和膨胀的作用；而冷色和低明度色，如蓝紫、深绿则有后退和收缩的作用(如组图 4-1-4)。

(四)色彩的兴奋与沉静心理效应

色彩的兴奋与沉静感和色相、明度、纯度都有关系,其中以纯度的影响最大。同时还在于色相的冷、暖感。具有长波长特性的红、橙、黄色具有兴奋感;而蓝、蓝绿色则产生沉静感。绿色与紫色是中性的,但如果一旦将这些色彩的纯度改变,向灰色调上发展时,就无所谓兴奋、沉静感了。在明度方面,8 级以上为中性色,7 级以下呈沉静感,9 级以上呈兴奋感。纯度 8 级为中性,6 级以下彩度越低,沉静感就越强;反之,10 级以上,彩度越高,兴奋感越强 (如组图 4-1-5)。在服装设计中,旅游、运动装多数采用兴奋的色彩,而医生、护士则应穿安静的沉静色服装。

组图 4-1-4

(五)色彩的华丽与质朴心理效应

华丽、质朴的色彩更带有主观性的心理因素,但也明显的具有客观特点。色彩不仅可以给人以富丽辉煌的华丽感,也可以给人朴实的感觉。色彩的纯度、明度对这种感受影响最大,与色相关系不大。因而,纯度高、明度也高的色显得华丽,纯度低、明度也低的色显得朴实。就色彩中的色相比较而言,按红、紫红、绿的顺序排列,色彩呈华丽感;按黄绿、黄、橙、青、紫的顺序排列,色彩呈质朴感;其他呈中性。从色彩组合多少上来说,色彩多且鲜艳而明亮的颜色呈华丽感,色彩少、浑浊而深暗的颜色呈质朴感。此外,色彩的华丽、质朴之感与色彩对比度也有很大的关系,对比强的色组合呈华丽感,对比弱的色组合呈质朴感。色彩组合中加入金银等光泽色易产生华丽的效果(如组图 4-1-6)。

服装色彩设计中华丽与质朴色的应用,一般从使用环境和人的年龄、性格上考虑。如轻松的舞台演出、酒吧,是穿华丽服装的场所。在游泳、滑雪等需要引人注目的场地,也宜用华丽、鲜亮的色彩。而在出席谈判,或去图书馆,则应用质朴、庄重的服装色彩。

组图 4-1-5

组图 4-1-6

第二节 服装色彩搭配原理与方法

一、色彩的对比与调和

图 4-2-1

对比是将具有明显差异、明显矛盾的对立各方放在一起相互比较的手法。

在我们的生活当中，事物之间的差异、矛盾是绝对的。差异或矛盾很大的事物同时出现往往给人留下深刻的印象。如雷雨之夜的闪电；绿色原野里的红花；逆境中的知音等。这是因为对立的双方在相互反衬之下能表现出各自更强烈的特征：只有在黑夜的笼罩之下，白炽的闪电才格外惊心动魄；只有在恬静的原野里，在绿草的烘托下，姣丽的红花才格外引人注目；只有在被屈辱、讥讽和困苦包围时，更能深切地体会到同情、理解、互助的可贵。艺术源于生活，又高于生活，对比也是艺术创作的重要手法。对比能使艺术作品产生变化，从而增强艺术作品的感染力。

对比能是艺术作品产生变化，但是过分的变化又会使作品显得杂乱无章。优秀的作品应该是既丰富多样，又和谐统一的。处于同一整体的对立各方，如果差异太大，矛盾太多，就需要减弱他们之间的差异，减少他们之间的矛盾，使作品的艺术形式符合多样统一的原则。这种削弱和减少对比的手法，就是调和。

图 4-2-2

在艺术设计中，对比和调和是一对相互矛盾而又彼此关联的重要手法。过分强调对比会乱，过分强调调和会呆，恰如其分地掌握他们是艺术家高超技艺的体现。服装色彩的组合也是如此，把两种或两种以上的色彩组合于一套服装，正确掌握他们之间的对比是十分重要的。

二、色相不同的色彩组合

图 4-2-3

色相不同的色彩组合在一起会产生对比。色相对比的强弱决定于参加组合的色彩在色相方面的差异。

通过色相环，我们已经知道同类色（即色相环上相距 30 度左右的色）之间，色相差异很小，因此，同类色组合在一起时对比感较弱（如图 4-2-1）。如果要使它们活泼一些，可以在明度或纯度方面进行调整以加大它们之间的差异。

通过色相环，我们还经知道类似色（即色相环上相距 50 度左右的色）之间，色相差大于同类色，小于对比色，所以，类似色组和在一起时，对比感适中（如图 4-2-2）。可以在色彩的明度或纯度方面进行调节，使它根据我们的需要增强或削弱对比感。

中差色相是色相环相距 90° 左右的色彩对比，是介于色彩对比强弱之间的中等差别的对比。具有鲜艳、明快、热情、饱满特点（如图 4-2-3）。对比色（即色相环上相距 120 度左右的色）或互补色（即色相环上相距 180 度左右的色）之间，色相差异很大。对比色或互补色组合在一起，对比感很强烈（如图4-2-4）。如果要使它们和谐一些，可以在明度或纯度方面进行调整或插入统一色调或无彩色以减弱它们之间的差异。

图 4-2-4

三、明度不同的色彩组合

组图 4-2-5

明度差在 2 度以内的色彩组合在一起，对比感较弱，容易统一，如中明度色与中明度色，明色与明色等的组合。

明度差在 3 度左右的色彩组合在一起，对比感较适中，如明色与中明色的组合，中明色与暗色的组合。

明度差在 5 度以上的色彩组合在一起，对比感就很强了，如明色与暗色的组合，明度对比最强的色彩组合是黑色与白色的组合。明度差很大的色彩组合在一起，有时会显得生硬，可以在色相和纯度方面进行调节，使整体和谐一些（如组图 4-2-5）。

四、纯度不同的色彩组合

纯度不同的色彩组合在一起，也能产生对比。纯度对比的强弱决定于色彩之间纯度方面的差异。不同的色彩，如红色与蓝色，鲜丽程度各不相同，但每一种颜色都有它自己相对的高纯度、中纯度和低纯度。无论哪种颜色，纯度偏高时总是艳丽的，纯度偏低时总是浑浊的。不同纯度的色彩组合在一起，会有不同的效果（如组图 4-2-6）。

同是高纯度、或同是中纯度、或同是低纯度的色彩组合在一起，会因纯度差小而显得呆板。加大色彩之间的纯度对比，让高纯度色与中纯度色，甚至与低纯度色组合整体配色，效果会好得多。

最强的纯度对比是无彩色与高纯度的有彩色对比，在无彩色的反射下，即使很少一点高纯度色，也会显得鲜艳美丽。一般情况下，由于色彩纯度之间的差异不如色相和明度明显，因此，色彩之间的纯度对比很难有色相对比和明度对比那样强烈的配色效果。

五、套装色彩配色

所谓套装色彩设计，实际上就是服装色彩的整体设计，强调服装色彩整体上的系列感和配套性，突出服装色彩中整体协调性和整体色与局部色之间适当的关系性。具体地说，套装的整体色彩设计包括了内衣、外套、上装、下装、配饰等诸多因素的综合关系性，除了注意研究服装中色彩与色彩之间的色面积比例、色位置空间、色彩三属性、色形态等诸因素的默契配合外，还要注重服装色彩中面料材质的配套性、面料图案的配套性、服装款式的配套性、服装配饰的配套性、服装工艺和细节的配套性等诸多因素的综合关系。要使众多的组合因素中各部分色彩之间产生整体的协调、统一，最重要的是抓住诸多因素中的主调色彩，使之成为支配性色彩，而其他色彩都与它发生联系。设计时就要考虑主调明确，主次色彩的互相关联和呼应。好比一首乐曲中要有主旋律，才能显示出其独特性。优势之色考虑安排最大的面积，然后适当配置小面积的辅助色、点缀色、调和色等，采用个种配色手法，做到用色单纯而不单调，层次丰富而不杂乱，主次呼应，互相关联，既和谐统一又富于变化(如图4-2-7、4-2-8)。

为了使色调增强整体感，在套装色彩组合中，除选用花色面料的情况以外，所选择的主次色相一般不要超过三个。例如：选用宝蓝为主调，则外套用宝蓝色，因外套色彩面积较大，而且处于观者的视觉中心，所以较引人注目。裙子可选用明度略高于宝蓝的浅灰色，内衣选用白色或浅蓝色，浅蓝色内衣用宝蓝、白色细条纹的衣料，然后在外套袖口镶上裙料细边，这样不但套装色彩的整体效果突出，主次关系也很到位。首饰可选用小面积的对比色，如金色、浅红紫色等。鞋袜可用含灰色，也可用蓝色，以加强色调优势。

组图 4-2-6

图 4-2-7

图 4-2-8

第三节 流行色及其应用

流行色(Fashion color)是一种社会现象。是指在一定社会中,某一时期被多数人接受的颜色。并且考虑的不仅仅是特定的颜色,还有其色调和配色方法。流行色与其他流行现象一样具有流行寿命,经历着发生——成长——成熟——衰退——消失的过程。一般而言,作为广泛流行之前的阶段,走在流行前沿的时候称为时髦色(high fashion color),引起人们的注意,成为人们议论的话题时,称为(topic color),不久以后被人们所认可,成为受欢迎的流行色(popular color)之后,流行过后式样固定下来就成为了式样颜色(style color)。流行过的颜色再度流行起来的现象叫流行循环(fashion cycle)。

一、流行色的研究和预测机构

流行色的研究和预测都是以商业目的为动机的,但实际上却能改善人们的生存空间、美化生活环境,提高文化的享受层次。像现在这个追求个性化、多样化的社会,流行的预测变得越来越困难。由于服装的选择标准性,色彩就成了首要考虑的因素之一,所以对企业来说,有必要对市场进行仔细分析,把细分后的流行色进行再分析提取,把适合于各种层次消费者的流行色提供给市场。

(一)国际流行色组织及机构

1、国际流行色协会。是国际上具有权威性的研究纺织品及服装流行色的专门机构,全称为"国际时装与纺织品流行色委员会"(International Commission for Color in Fashion and Textile,简称:Inter Color)。该协会于 1963 年由法国、瑞士、日本发起而成立,总部设在法国巴黎。协会现有成员多半为欧洲国家,亚洲只有日本和中国参加。中国是在 1983 年 2 月以中国丝绸流行色协会及全国纺织品流行色调研中心的名义正式加入的。

国际流行色协会除正式成员国以外,另外还有一些以观察员身份参加的组织,如:国际羊毛局、国际棉业研究所、拜耳纤维集团、康太斯公司等。该协会每年 2 月和 7 月各举行一次年会,各成员国可有两名专家代表出席,预测并发布 18 个月后的国际流行色。

2、《国际色彩权威》杂志。全称为"International Color Authority",简称:I.C.A.。由美国的《美国纺织》("AT")、英国的《英国纺织》("BT")、荷兰的《国际纺织》("IT")三家出版机构联合研究出版。

图 4-3-1

3、国际纤维协会。全名为"International Fiber Association",简称:I.F.A。由美国的 ICI 公司、杜邦公司和原联邦德国等国组成。该组织测出的化纤色卡(如图 4-3-1),在这些国家的公司中推行。

4、国际羊毛局。全名为"International Wool Secretariat",简称:I.W.S。男装部设在英国伦敦,女装部设在法国巴黎。总部与国际流行色协会联合推测色卡,较适用于毛纺织产品及服装。

5、国际棉业协会。全名为"International Institute For Cotton",简称:I.I.C。该协会与国际流行色协会有关系,专门研究与发布适用于棉织物的流行色。

6、原联邦德国法兰克福特斯道夫国际衣料博览会。该博览会每半年举行两次,所发布的流行色卡有自身的特色,但与国际流行色协会所预测的色彩趋向基本相似。

此外,国际上的一些有影响的大公司也发布流行色,如美国的杜邦公司(Dupont)、法国拜耳(Bayer)、奥地利兰精公司(Lenzing)、英国阿考迪斯公司(Acordis)等。

(二)国内流行色组织及机构

中国流行色组织是中国流行色协会(China Fashion & Color Association,简写 CFCA)。1983 年 2 月 15 日在上海成立了中国丝绸流行色协会,1983 年 2 月代表中国加入国际流行色委员会,1985 年 10 月 1 日改名为中国流行色协会。中国流行色协会第六次代表大会决议指出:中国流行色协会秘书处自 2002 年 1 月 1 日起从上海迁至北京,并依托中国纺织信息中心、国家纺织产品开展工作。

中国流行色组织是由全国从事流行色研究、预测、设计、应用等机构和人员组成的法人社会团体,作为中国科学技术协会直属的全国性协会,挂靠中国纺织工业协会。协会设有专家委员会、组织部、调研部、学术部、市场部、设计工作室、对外联络部、流行色杂志社和上海代表处以及四个专业委员会,现有常务理事 49 名,理事 192 名,来自全国纺织、服装、化工、轻工、建筑等不同行业的企业、大专院校、科研院所和中介结构等。

二、流行色的预测与发布

对色彩流行趋势的预测,是人们掌握和运用客观规律的探索性活动,具有跨越性的意义。预测所获得的流行色,主要是根据市场色彩的动向与流行色专家的灵感、预测,以大量的科学调查研究为基础。

(一)流行色预测的方法

1.目前国际上流行色的预测方法有两种:

日本式:广泛调查市场动态,分析消费层次,重视消费者的反映,并以此进行科学的统计测算。

西欧式:以法国、德国、意大利、荷兰、英国等国家为代表,专家们凭知觉判断来选择下一年的流行色。这些专家都是常年参与流行色预测,并掌握多种情报,有较高的色彩修养和较强的知觉判断力。

2.国内的流行色预测发布由以下几个方面展开:

(1)调研。(a)定点观察(在指定具有代表性的地段,分组、定时调查流行现状);(b)发卡征询法;(c)当面座谈法;(d)摄影分析法。

(2)推论。(a)历届流行趋势分析;(b)排除特殊因素的干扰(政治运动、重大科研成果、战争等);(c)表格显示。

(3)择定。(a)地域性的归纳;(b)阶层的归纳;(c)使用目的的归纳;(d)色彩效果的归纳。更重要的是:择定的参与者、权威人士层、经验丰富的设计师、潮流的引领者的择定。

(4)发布。发布的目的在于调动更多人的参与。

(5)检验。检验前一届流行预测的实现效果,是发布下届流行趋势的重要依据。

（二）流行色预测的依据

流行色的预测依据有三个方面:社会调查、生活源泉、演变规律。

社会调查:流行色本身就是一种社会现象,研究和分析社会各阶层的喜好倾向、心理状态、传统和发展趋势等,是预测和发布流行色的一个重要因素。

生活源泉:生活源泉包括生活本身、自然环境、传统文化,这些都很富感性特征。

演变规律:从演变规律看,流行色的发展过程可分为:(1)延续性,即流行色在一种色相的基调上或在同类色范围内发生明度、纯度的变化;(2)突变性,即一种流行的颜色向它的反方向补色或对比色发展;(3)周期性,即某种色彩每隔一定期间又重新流行。流行色的变化周期包括四个阶段,始发期、上升期、高潮期、消退期,整个周期过程大致为 7 年,即一个色彩的流行过程为 3 年（过后取代它的流行色往往是它的补色）,两个起伏为 6 年,交替过度期为 1 年。

（三）流行色的发布

当前，国际流行色协会对流行色的预测与发布每年举行两次。每次在巴黎举行年会时，首先由各成员国代表将本国预测的 18 个月后的流行色卡及说明，分发给与会代表。会议开始后根据会议主席所定程序，代表们逐一上台介绍本国提案的详细情况，并展示色卡加以形象化的说明(如组图 4-3-2)。然后，经过讨论推出一个大家均认为可以接受的某国提案为蓝本，各国代表再加以补充、调整，推荐出的色彩只要有半数以上的代表表决通过就能入选。经过长时间的饿反复磋商，新的国际流行色方案便产生了。为保证流行色发布的正确性，大会当场就将各

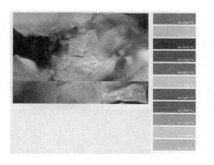
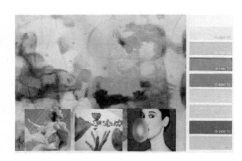

组图 4-3-2

种有色纤维按新色卡的标准分发给各会员国代表,供大家回国后复制、使用。由于国际流行色协会不再另发流行色卡,会员国就享有了获得第一手资料的优先权。相应采取的保护措施是,规定半年之内不得将该色卡在公开的书刊、杂志上发表。

三、流行色的收集与应用

研究和预测流行色的最终目的,在于利用流行色为社会创造更大的经济效益和社会效益。如果把流行色工作仅仅停留在发布和宣传阶段,是远远不够的,因此,服装设计师在创作实践中,应运用流行色进行各种尝试。

（一）流行色卡的识别及分析

国内外各种流行色研究、预测机构,每年要发布1至2次流行色,并以色卡的形式进行宣传和传播。每次发布的流行色卡,一般有二三十种色彩,具体归纳可分为以下几种色组:

时髦色组。包括即将流行的色彩——始发色,正在流行的色彩——高潮色,即将过时的色彩——消退色。

点缀色组。一般都比较鲜艳,而且往往是时髦色的补色。

基础与常用色组。以无彩色以及各种有色彩倾向的含灰色为主,加上少量常用色彩。

对于流行色卡,我们还需要全面的分析、正确的理解,以便更好的把握与应用到服装色彩设计中。比如之前国际上曾出现过重返大自然的思潮,在流行色发布上就产生了"森林草地色"、"泥土色"、"沙滩色"、"桦树皮色"等。从而形成了流行色的新风尚与新主题。只有在深刻理解流行色意境的基础上,才能使典型的色彩借助于一定的服装和饰品等载体得到充分的展现(如图4-3-3)。

图 4-3-3

（二）流行色的搭配技巧

按照流行色卡所提供的色彩进行配色,在面积分配上应注意以下几点:

1、组配服装色彩时,面积占优势的主调色要选用时髦色组,若用花色面料应选择底色或主花色为流行色的面料。

2、作为流行色互补的点缀色,只能少量地加以运用。

3、为使整体配色效果富有层次感,应有选择地适当应用无彩色或含灰色作为调和辅助色彩(如图4-3-4)。

图 4-3-4

（三）服装设计中流行色的运用

服装设计中流行色的应用关键在于把握主色调。具体有以下几种方法及形式：

1、单色的选择和应用。流行色谱中的每种色均可单独使用。

2、单色分离层次的组合和应用。这是一种同类色构成法。在色相保持不变的前提下所组合构成的服装色彩最能取得协调效果，但要注意明度的阶差层次带来的对比效果。

3、同色组各色的搭配和应用。这是一种邻近色构成法，也是最能把握流行主色调的配色方法。

4、各组色彩的穿插组合和应用。这是一种多色构成法，全部流行色彩组合，是一种最为普遍、也容易见效的方法，各色组色彩的穿插是多色的对比统一。

5、流行色与常用色的组合和应用。这是服装色彩设计中最常用和保险的组合搭配手法。

6、流行色与点缀色的组合和应用。在服装色彩设计中，任何流行色的应用都不排除点缀色的加入，因为，点缀色不仅不会影响大的服装色调变化，而且还会活跃气氛、增加层次，起到画龙点睛的效果。

7、流行色的空间混合与空间混合而成的流行色。这方面更多的体现在服装面料设计中，作为服装设计师，必须了解和善于使用这种服装面料。另外，流行色谱以外两种以上色彩"交织"构成流行色谱内的流行色调，也是应用流行色的一种手段。

8、流行色与时代赋予的流行基调。每个时期都有一二种特定的流行色调表现出时代特征，这是我们设计师应该非常敏感地注意到的（如图 4-3-5、4-3-6）。

图 4-3-5

图 4-3-6

思考与练习：

1、简述服装色彩对人的心理有哪些方面的影响。

2、举例说明服装色彩心理的构成因素。

3、利用色彩组合规律及效果对人们心理的影响，分别设计宁静、文雅与热烈活泼色彩情调的服装色彩效果图。

4、收集流行色相关资料，分组做出下一年的流行趋势提案，并完成相关的系列服装设计。

第五章
服装设计的
构成要素之
服装材料设计

服装材料从远古的兽皮、兽骨、树叶到天然的棉、麻、丝织物以及当今的各种化学纤维织品,经历了相当漫长的发展过程。服装的发展也是与服装材料的发展是同步的,服装的功用也由最初的御寒保暖发展到今天的装饰及展示个性为主。因此,对服装材料的要求也是越来越追求个性化。由此看来,设计师在进行服装设计时不再局限于款式风格的变化,更多的是将主要精力放在服装材料的设计和创新上,以寻求新的突破,并不断地了解和掌握服装材料的性能以及基本的设计方法,将各种设计理念与服装材料完美地结合,创作出艺术感更强的服装样式来。

第一节　服装材料的概念及类别

一、服装材料的概念

服装材料是服装的载体,所有用于服装的原料,哪怕是一块小石头、木条、羽毛、金属、贝壳、塑料、玻璃等,只要用服装制作当中,都可称为服装材料。服装材料分为面料和辅料,面料是构成服装的基本用料和主要用料。对服装造型、色彩、功能起主要作用,一般指服装外层的材料。我们把构成服装面料以外的材料均称为辅料,如衬料、里料、垫料、扣紧材料、絮添材料、缝纫线、商标、洗涤标志、绳带等,它们在服装中起到衬托、保暖、造型、缝合、扣紧、装饰、标注等辅助作用。服装是面料与辅料的结合体。

面料是组成服装的先决条件和最基本要素,也是设计师的内心情感和创意构想的载体,有了面料才能言及造型和色彩。服装的成功设计需要面辅料来支撑,而设计师在创意服装设计中往往存在"难为无米之炊"的困惑,一些好的设计和创意有时会因面料的"不尽人意"而达不到设计的预想效果。因此,服装设计的选材范围非常广泛,尤其是在创意服装设计作品中,一些塑料品、钢丝、竹片、PVC 薄膜、玻璃品、金属品、合成橡胶品等非

服用材料也能被设计师有效地活用于服装设计作品中,如日本服装设计大师山本耀司用木板做过服装,三宅一生曾用纸、硅胶等作为服装的材料,以及荷兰设计师 Iris Van Herpan 擅于用高科技创新材质作为服装的材质,使得作品充满视觉冲击力,其中数白色塑料骨架礼服最让人印象深刻,仿佛把整个人体骨架穿在皮肤之上,但是冰冷的骨□形态又完美的贴合了人体曲线（ 如 组 图 5-1-1 至 5-1-3）。

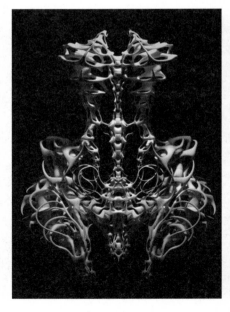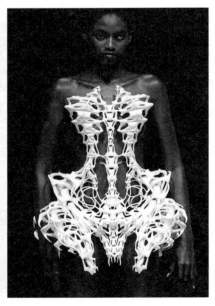

组图 5-1-1 Iris Van Herpan 设计的白色塑料骨架礼服

但是，服装主题材料仍然以纺织材料居多，毕竟纺织材料更自然和适体。因此，对于一块普通的服用材料，则需要设计师具有丰富而浪漫的想象力和动手能力以及对服装整体设计的把握能力，这也是服装设计师不可或缺的主观因素。

二、服装材料的类别

服装材料按材质及构成分为：

（一）纺织制品

织物类包括机织物、针织物、非织造织物。

绳带类包括紧绳带、装饰绳带。

线类包括缝纫线，钩、编、织线。

纤维类包括各种天然纤维及化学纤维。

（二）皮革类

天然皮革包括裘皮、革。

人造皮革包括仿裘皮、人造革皮、合成革皮。

（三）其他制品

包括木材、石材、贝壳、塑料、金属、骨、竹、纸、玻璃、羽毛等。

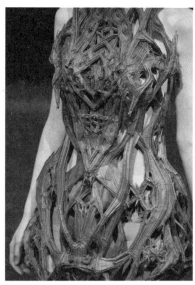

组图 5-1-2 Iris Van Herpan 设计的树根状的裙子

组图 5-1-3 Hussein Chalayan 设计的透明有机玻璃泡泡连衣裙

第二节 服装材料的二次设计

服装材料的二次设计即材料再造，是指设计师按照个人的审美和设计需求，对服装面料、辅料进行再加工和再创造，以产生新的视觉效果，是人的智慧与实践碰撞的结果。再造意为重塑，是对现有的材料进行融合、多元复合或单元并置等多种手法，从而达到材料创新的目的。首先，设计师应充分把握材料的特性，对各种材料制成服装形成后的效果要有一个初步的设想。然后，对材料重新塑造的可行性进行审视和探索，以免弄巧成拙。同时，对材料进行二次设计还应保证具备应有的设备和技术，而往往被服装设计师常应用的设计方法是对材料进行各种肌理的处理。

所谓肌理是指材料质地表面的纹理效果，往往以视觉肌理和触觉肌理两种形式出现。视觉肌理有立体的和平面的、有光泽的和无光泽的、光滑的和褶皱的等满足视觉上的功能。触觉肌理不仅有视觉上的效果，且触摸起来有粗糙、滑爽、凉、暖、软、硬、轻、重等感觉。因此，设计师可以灵活地将各种不同的肌理效果用于面料的设计中，使其具有浓郁的装饰性，以增加设计作品的内涵。

材料的二次设计是服装设计中一种重要的语言，常用的技术和传统工艺有：扎染、蜡染、打磨、腐蚀、打孔、钉珠、刺绣、流苏、镂空、嵌饰、拼接、揉搓、手绘、喷绘、绗缝、抽纱、撕裂、编织、烧洞、镂刻（皮革、金属）、折叠（褶皱）、做旧、丝网印等，概括起来通常有以下四种方法：

1、加法：即在原有材料上通过添加、叠加、组合等形式，使材料具有丰富的层次感和肌理感。在材料上做加法式创新是创意设计中运用得比较广泛的一种形式，常用的形式有拼贴、刺绣、珠绣、编饰、绗缝、手绘、喷绘、扎染、蜡染等。如：

刺绣：包括珠绣、镜饰绣（在纳西族民族服饰上运用较广泛）、饰绳（带）绣、贴片绣等工艺。以珠绣为例，它是将各种材质的珠子、亮片钉在服装上的一种装饰技法，产生了服装质感的对比。

手绘：即用纺织颜料、丙稀颜料、油漆等涂层材料在面料的表面绘制各种适合设计风格的图形。若在真丝面料上手绘中国传统写意花鸟画，服装便具有含蓄与灵秀之美；若在土布上绘制图腾纹样，服装便具有粗犷、淳朴、自然的民俗之美。因此，不同材质上做手绘装饰表现出风格迥异的艺术效果，但不宜进行大面积涂色，否则有僵硬之感。

编饰：有绳编、带编、结编等表现形式。编饰的材料极为广泛，既可选择梭织和针织面料，也可选用皮革、

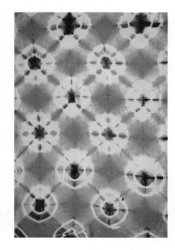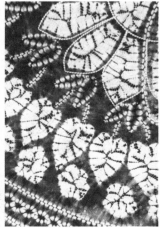

组图 5-2-1 扎染和蜡染工艺

塑料、纸张、绳带等。由于对材料的加工方法的不同，采用的编结的形式不同，因而在服装表面所形成的纹理存在着疏密、宽窄、凹凸、连续、规则与不规则等各种变化，使面料的表现语汇更加丰富。

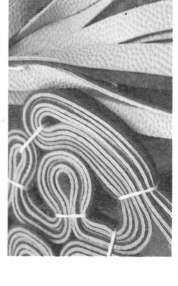

组图 5-2-2 编结工艺

绗缝：具有保暖和装饰的双重功能，即在两片面料中填充人造棉后辑明线，其纹理可以形成各种几何图形或花形纹样，能产生风格各异、韵味不同的浮雕效果，具有很强的视觉冲击力。

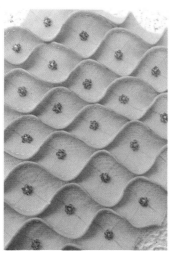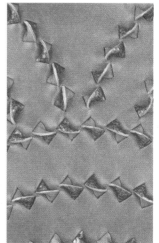

组图 5-2-3 钉珠绗缝工艺

扎染、蜡染：是我国一种历史悠久的传统工艺技术，早在秦汉时期就已流行了。蜡染古代称之为蜡缬，是结合蜂蜡制作而成的，其形成的特殊的冰裂纹被誉为"蜡染的灵魂"。扎染是用线将布进行规则或不规则的包扎，然后进行染、煮等工序，在图案边沿很自然地形成由深到浅的过滤色晕效果。这两种手工艺术所表现出的效果具有很大的随意性和偶然性，因此，也是任何机器印染工艺所难达到的。如组图 5-2-1 至 5-2-4 属于加法实例。

组图 5-2-4 运用染色和褶皱工艺的服装设计

2、减法：即对服装材料进行镂刻（皮革、金属）、抽纱、剪除、撕裂、洗水、打磨、猫须等工艺手段或做烧花（烧洞）、腐蚀等破坏性处理，改变了面料原有的面貌或组织结构，从而达到一种新的视觉感受。如：

烧花：是利用烙铁、蜡烛、烟头等在材料（如棉、麻、羊毛等天然材料）上烧出任意形状或大小不等的孔洞，孔洞周围就会形成棕色的燃烧痕迹，俗称"烧花"工艺。

抽纱：即对材料的经纱或纬纱进行规则或不规则的抽取，形成虚虚实实的肌理效果。

镂刻：即在皮革、金属等材质上做各种雕花、镂空等效果，类似如中国民间传统工艺剪纸。如第四届兄弟杯服装设计比赛金奖获得者武学伟、武学凯的设计作品《剪纸儿》即在面料上做了剪纸镂空处理，在设计中释放出面料的独特语言，视觉冲击力非常强。如组图5-2-5、5-2-6属于减法实例。

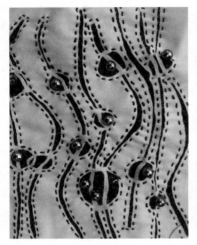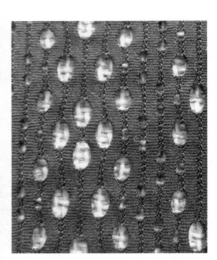

组图5-2-5 减法装饰工艺

组图5-2-6 镂空元素的服装设计

3、重构法：即在原有面料上，以同一元素为单位或不同元素多元构成为特征，经不同规律和重新构成组合、克隆等方法产生各种褶饰效果，使服装面料具有很强的肌理感和浮凸效果。

褶饰：是将平面面料通过多种缩缝工艺，形成各种宽与窄、规则与不规则的立体造型，使服装外型更富有韵律感、节奏感和生动感。同时，也改变了原先面料的平板和枯燥的外表，而变得格外生动和富有个性，丰富了服装内容。常见的褶饰形式有抽褶、叠褶、堆褶、波浪褶、悬垂褶等。另外，在褶皱处还可以根据设计需求添加一些珠片、珍珠等材料,既强化了面料质感又丰富了视觉效果。这些具有较强质感的肌理面料除适用于服装的局部设计,如领子、袖口、下摆、裙摆等,还被广泛应用于礼服、创意服装等设计中。被称之为褶皱大师的三宅一生充分利用了面料的褶皱效果,把安格尔的名画"泉"运用到服装上,通过艺术拓印、压褶、水洗、打磨等工艺,将女神的人体与模特人体结构重叠,成功地把面料的视觉与触觉肌理有机结合起来,具有很强的立体构成效果,使服装充满了现代感和未来感。如组图 5-2-7、5-2-8 属重构法实例。

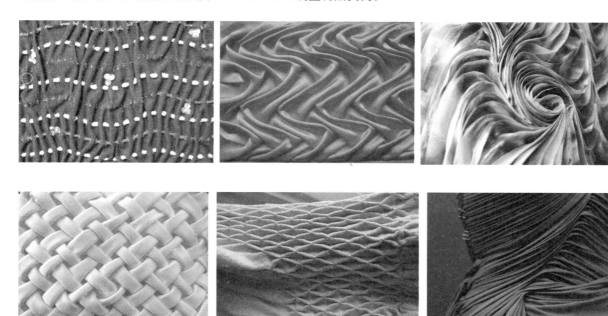

组图 5-2-7 面料褶皱肌理的设计

组图 5-2-8 依据贝壳纹理设计的服装

4、综合法：即将刺绣、镂空、镶嵌、拼接、打磨、腐蚀、钉珠、流苏、揉搓、手绘、抽纱、撕裂、编织、烧洞、折叠、做旧等多种工艺手段综合运用于一块面料的设计中（可以是两三种，也可以是四五种不同工艺相结合），形成变化多端的肌理效果，更加丰富了服装的设计语言。但要注意的是，所运用的工艺手段不是越多就越好，要与面料的材质以及服装的整体设计风格相协调，否则会弄巧成拙，如组图5-2-9、5-2-10属于综合法实例。

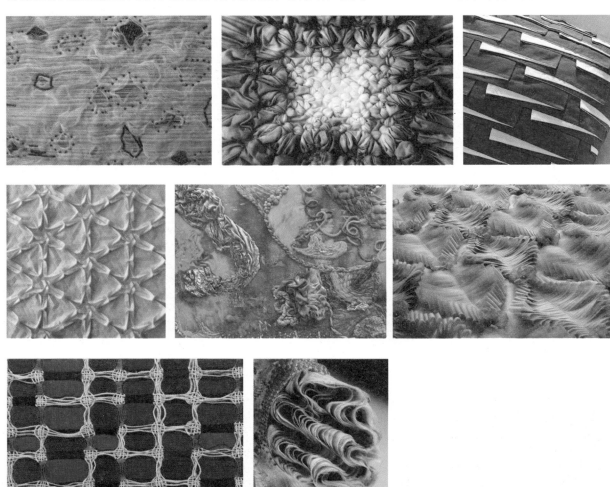

组图 5-2-9 综合方法对面料的二次设计

组图 5-2-10

结合刺绣、折叠、印花等工艺的服装设计

第三节 服装材料的二次设计在服装中的应用

在服装设计中,选择材料就像是做选择题,可以单选,也可以多选,最关键的是要运用得当。一套服装并不仅限于使用一种加工工艺,应该融会贯通,互相补充,遵循"用材料去思考,创造特征,然后用审美去把握"这种构成训练方式。材料通过二次设计后被服装设计师赋予了新的面貌,它既可以用于服装的局部设计,又可以用于整个服装之中。对普通的可穿性材料进行艺术加工,使材料具备了设计师个人的风格与特色,是现今服装发展潮流中的趋势之一。许多成功的设计师已将面料再造作为其标新立异的设计手段,三宅一生就是在材料创新上找到了设计的突破口,创造出独特而不可思议的织料,被称为"面料的魔术师"。日本另一位设计大师川久保玲也是如此,在设计中他往往将70%的精力集中用于材料肌理的表现方面。因此,掌握一些材料再造技法,对于较好地表现服装创意是很有必要的。

但在服装造型设计时应注意服装形式美法则中的主次和强弱关系,若服装材料在二次设计后富有较强的立体感、层次感等特点,那么服装的款式造型设计和色彩搭配就应相对简洁,以突出材料设计的个性。反之,若服装的材料设计简单,那么服装的造型设计和色彩设计就应富于变化。下面例举一些服装材料的二次设计在服装设计中的应用(如组图5-3-1和5-3-2)。

组图5-3-1 面料的二次设计在服装中的运用(一)

组图5-3-2 面料的二次设计在服装中的运用(二)

课后思考题:

1、简述服装材料的类别。

2、简述面料二次设计的方法。

3、设计并制作一块30×50厘米的面料,并将这块面料用于服装设计中(用效果图的形式表现)。

服装
设计
理论与实践

Fashion Design Theory and Practice

第六章
服装分类设计

第一节 系列服装设计的方法

系列设计是现代设计艺术的一个显著特征。系列设计是成套、成组等筹划相关联的样式或色彩搭配,其群体所表现出的强大的信息容量和强烈的视觉冲击力,已经成为一种国际性的设计思潮,同时也涉及到社会生活的各个领域,如系列丛书、系列包装、系列展览、系列化妆品、系列文具、系列楼盘等等,是现代文化和社会发展的必然结果。

一、系列服装设计的概念

系列服装设计既是指一套服装的配套性设计成系列,也可指两套以上的相类似的服装成系列设计。它一般包括品种系列、季节系列、款式系列、色彩系列、用途系列、面料系列等。在数量上要求少则两、三套,如情侣装、母子装、家庭套装等,称为小系列,多则七、八套、十几套不等,称为大系列。系列服装设计作品比单套服装所形成的审美的震撼力要大得多。

系列设计组合的内容特点表现在单套和多套服装之间有着相互联系的关联因素,或有着某种延伸、扩展的元素,强调设计中多元素组合所表现出来的和谐的美感特性,并充分体现了"多样统一"的形式美法则。"多样"即相关服装形式的差异(即个性要素),而"统一"则是指共同的设计要素(即共性要素)。既有变化又富于统一是系列设计的设计宗旨。由此可见,所谓系列服装就是具有某种同一要素而又富于变化的成组配套的服装群组(如图6-1-1)。

图 6-1-1

二、系列服装设计的构成特点

　　既然是系列服装,那么就应具有构成系列服装的基本要素,即关联性、共性与个性。只有掌握了系列设计的构成特点和形式,才能更好地进行系列创意服装设计。

　　1、关联性:即一组服装中有某种共同的设计要素出现在各套服装中。这些共同设计要素包括服装的色彩、面料、造型、风格、图案纹样、装饰手法、工艺手段、穿着方式或局部细节等,它们在系列中以单个或多个的形式反复出现,由一种发散性思维与锁链式思维互相渗透和作用,"你中有我,我总有你",形成某种内在的联系。如母子装设计,母亲的服装设计元素体现在儿子的服装上,形成呼应与循环关系,使系列服装具有较强的美感和完整性。如组图6-1-2所示系列服装中,骨□图案以及肌理的运用使服装形成了内在的关联性。

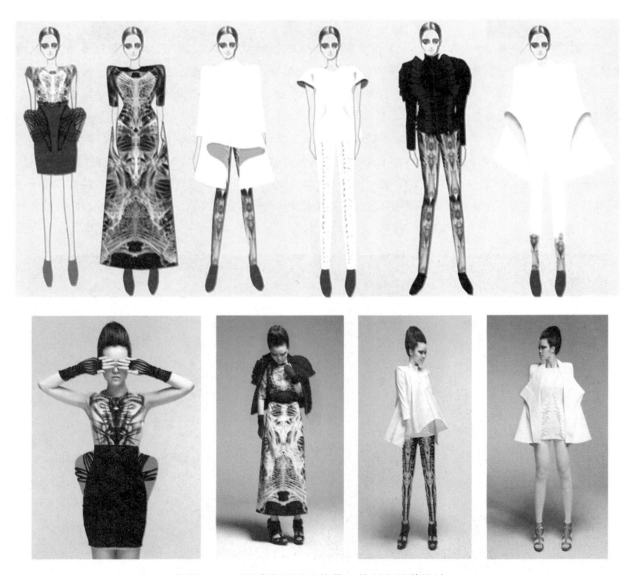

组图6-1-2 灵感来源于人体骨□的创意服装设计

　　2、共性要素:共性即一组服装中的各单套服装所共有的因素或形态的形似性。服装的共性要素在系列设计中出现得越多,其关联性也就越强。同时,共性要素还包括共有的设计主题和设计思想以及艺术风格和表现手段等。

在具体的服装构成当中,共性要素往往借助于相同或相似的面料、色彩、造型、纹样、标志及服饰配件等来体现。如:在一系列服装中,各单套服装都运用了某种色彩,或都运用了某种图案纹样,使服装之间构成了基本的共性与联系,从而在视觉心理上产生了连续感和系列感。因此,共性要素是形成系列服装的重要因素和显著特征。

　　但视觉心理学家提示我们:过于一致的事物的反复出现,必然导致观众视觉的疲劳和乏味。因此,在设计系列服装时,在保持共性的同时,不能忽视单套服装的个性特征,否则,会造成设计内容的单调与贫乏。如组图 6-1-3 中为中国上海设计师凌雅丽作品《紫原戊彩》,作品以龙的形态以及龙鳞肌理纹样为这个系列的共性要素。

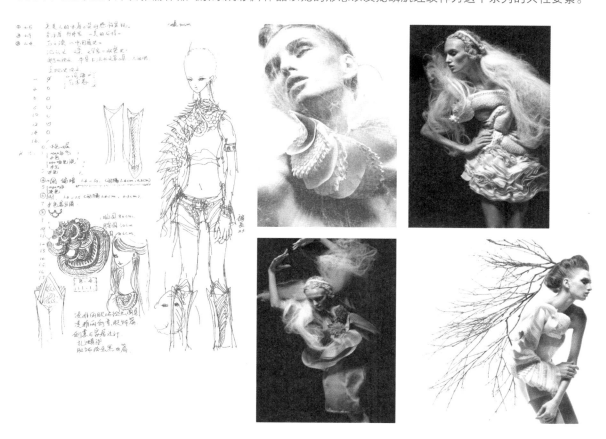

组图 6-1-3 《紫原戊彩》(凌雅丽作品)

　　3、个性要素:个性是一组服装中的各单套服装的异他性和独特性。系列服装虽然是以群体的形式出现的,但每套服装又是独立的个体,且个体与个体之间又具有一定的制约关系。同时,各单套服装除了要考虑服装形式美法则等设计因素之外,还应考虑单套服装与整体的关系,只有这样才能保证系列整体的和谐,才能使系列服装设计构成一个既完整统一又富于变化的有机整体。

　　因此,构成系列服装的整体效果,单套服装的个性魅力是不容忽略的。反之,单套服装构成得不完整,整体设计效果就很难达到一个理想的高度。如图 6-1-4 所示系列服装具有鲜明的的个性特色。

图 6-1-4 具有个性的创意服装设计

三、系列服装的配套性设计

　　系列服装设计除了设计主体服装之外,还应考虑到与整体服装相关联的服饰配套设计,包括首饰、帽子、鞋子、袜子、手套、腰带、胸花、包袋等方面的综合性设计。服饰配件对于加强系列服装的形式感和完整性能起到至关重要的作用,尤其在创意装设计中,有时为了强化设计主题和服装的整体效果,可以选择一些相应的舞台道具来加强表演效果,例如,灯笼、假面具、扇子、雨伞等。同时,造型夸张的人物形象设计(包括发型、化妆、文身)亦能起到烘托整体气氛的作用。

　　但是,在整体系列服装中,服装是主体,服饰配件是客体,要协调好两者之间的主客关系,不能喧宾夺主。在配套性设计中要把握好色彩、风格、造型、材质、装饰工艺与整体的协调性和统一性,使每一个细节设计都为整体来服务。如服装的造型为对称式结构,可以通过斜挎包来打破这种平衡,使服装产生均衡的视觉效果。但配套设计不是越多就越好,适中、协调、配而不乱是最佳效果。如组图 6-1-5 所示的系列服装中,帽子、提包、颈饰以及大体积的鸟笼等配套设计,不仅加强了系列服装的体积感与关联性,而且丰富了服装的视觉语言。相反,如果去掉这些配套设计,服装就会象被剪了枝的树干,光秃秃的,毫无生气。

组图 6-1-5 系列服装设计中的配饰设计

　　如果说系列服装是以各单套服装为单元的整体构成的话,那么,各单套服装及配件设计则是系列整体的各个局部。但整体不是各个局部的简单相加,系列设计各要素之间要相互关联、相互制约于整体之中,任何一个环节有问题,系列整体设计的效果便会大打折扣。反之,若局部设计有创意、有特色,必然充实和完善整体。

第二节 休闲服设计

休闲,英文为"Casual"。据美国最具权威的时装字典《Fairchild's Dictionary of Fashion》对休闲服一词的解释是:指裤子与衬衫和运动夹克衫(Sport Jackets)配套所穿的不正规的着装方式。由于现代人生活节奏的加快和工作压力的增大,使人们在业余时间追求一种放松、悠闲的心境,反映在服饰观念上,便是越来越漠视习俗,不愿受潮流的约束,而寻求一种舒适、自然的新型外包装。因此,赋予了休闲服新的内涵,即指人们工作时间以外休息、度假、旅游、疗养时所穿着的轻便型日常服,又俗称便装。包括家居休闲服和户外休闲服两大类。

一、家居休闲服

家居休闲服是在家庭范围内穿着的服装形式。家居生活是轻松、惬意的,这就要求其服装具备宽松、舒适、温馨的特点,使人们在繁忙的工作之余身心得到彻底的放松和休息。

现代家居休闲服一般包括:家务服、睡衣、浴衣三类。

(一)家务服

家务服也称家居服,传统家务服有围裙、围裙衣等服装形式。是一种为了防污秽,穿在常服外面的宽松型工作衣。现代家务服设计早已打破传统,慢慢向户外休闲服靠拢,款式简洁、大方。面料选择以柔软、耐洗涤、易干为佳。为耐脏起见,色彩常以中等明度色调为主。为打破服装的单调、沉闷以及为操持家务带来些愉快的心情,可以在家务服上点缀一些小饰物,如立体卡通或花卉图案、蝴蝶结等配饰,以增加一些生活的情趣和轻松的气氛,有些家务服完全可以穿到户外(如图6-2-1、6-2-2)。

图 6-2-2 情侣家务服

图 6-2-1 家务服

（二）睡衣

睡衣是指睡觉前后在室内穿用的一种便服，上面提到有些款式的家务服也可以放到睡衣的范畴里。睡衣可上、下装分开，穿脱方便。根据穿着季节的不同，款式可以是短袖、长袖与长短裤、长裤互相搭配。面料有厚有薄，常选用吸湿性和通透性良好的柔软、舒适的纯棉或真丝织物。色彩以浅淡、柔和的色调为主，最好能与卧室色调谐调，当然根据穿着年龄的不同，设计时色彩可适当调整，比如为老年人设计的睡衣色调可以深沉一些。如果为年轻人或者儿童设计睡衣，可适当运用小碎花或细条格与明快的颜色搭配，常采用褶裥、绣花、镶条、包边等作装饰，增加了服装轻松、秀美之感。现代睡衣设计观念早已改变，并不只是"睡觉时穿的衣服"（如图6-2-3至6-2-5）。

（三）浴衣

浴衣是指沐浴后穿用的一种长袍，也可叫浴袍。传统浴衣款式简洁、宽松，多为无领或香蕉领。门襟交叉重叠，无钮扣，用腰带系束，衣服长短没有一定限制。浴衣和睡衣一样无须过多的附加装饰，常以绣花、贴花等略加点缀。材质采用吸湿性、柔软性较好的毛巾布、绒布等。色彩以淡雅的素色为宜（如图6-2-6、6-2-7）。

图 6-2-3 睡衣　　　　　　图 6-2-5 情侣睡衣

图 6-2-4 亲子睡衣

图 6-2-6 男士浴衣　　　图 6-2-7 女士浴衣

二、户外休闲服

家居休闲服通常只限于人们在室内穿用。而户外休闲服装则主要指从事户外休闲活动时的着装，如旅游、购物、会友、垂钓、登山等各类户外运动与休闲活动。因此，其设计空间更灵活、更广阔。户外休闲服起初并非专指人们闲暇时的着装。随着人类社会的不断进步发展，现今城市户外休闲时间和休闲阶层增多了，生活质量提高了，人们将平和、随意融入生活中每一个角落。因此，户外休闲服是日常生活便服，其服装风格宽松舒适、方便穿脱。

（一）户外休闲服装的分类

一般可以分为：运动休闲、时尚前卫休闲、复古休闲、民俗休闲等。

1、运动休闲装：具有明显的功能作用，以便在休闲运动中能够舒展自如，它以良好的自由度、功能性和运动感赢得了大众的青睐。运动休闲装又可分为运动服与运动便服两类。

运动服和运动便服是根据其特定的功能需要和穿着目的而设计的各种服装。两者风格既有差异也有不同之处，都具有造型简洁、轻快、便于人体动作的特点。是人们进行体育活动和居家休闲不可或缺的理想服饰。

（1）运动服：

这里指的运动服是人们从事各类体育活动时穿用的专业服装，也可称为纯运动装。如田径、体操、滑雪、游泳、赛车、球类等体育项目的着装。运动服设计具备如下几个特点：

①运动服的款式特点

运动服的款式特点用八个字可以概括：简便、舒适、防护、美观。在款式造型上，大多采用宽松或完全适体的形式。一方面，要与运动项目的动作充分适应。如自行车、速滑等项目的运动服装采用上、下连体的整体式设计。贴身，兜少的流线形设计可减少运动中产生的阻力。如篮球、排球运动服则采用跨栏背心、短裤等搭配形式以保证动作能充分发挥。另一方面，运动服还需考虑其防护功能，保护运动员在运动时可能受到的伤害。如足球运动服应配有长筒袜、护膝；赛车服、速滑服、垒球服均配有特制紧身衣、头盔、手套等防护用品。为丰富其外观美，常用拼色块、印花、滚边、镶边等装饰手段。但是，运动服应避免用纪念章、纽扣、别针等作装饰，以免伤害到运动员的身体。

②运动服的色彩配置特点

运动服的色彩应根据该运动项目的特点和环境来配置，主要应考虑三个方面：1、运动服色彩与背景色强弱度。即避免服装色彩与运动场地的色彩相同或相似，如游泳服、跳水服应少用大面积的绿和蓝等冷色；溜冰服、滑雪服应忌用白色；2、运动服色彩与时间视锐度。因为白天人眼对黄色光波最敏感，傍晚对绿色光波最敏感。而人眼对艳丽的色彩容易产生亢奋，对灰暗的颜色则反应迟钝。除某些特定的标志性色彩外，体育运动服配色较忌讳用中等明度的灰色组合，即"淹没色"。因此，运动服色彩大多采用与运动场地对比较强的明朗鲜艳的高亮度颜色以突出运动员健美的身姿，并有利于运动员的安全保护；3、运动服色彩具有象征性。如举重运动员的服装色彩需要表现力量，因此往往选用黑色、深红色一类的厚重色彩。

另外，国旗色和国旗图案常运用于运动服设计中，往往能激发运动员的责任感和进取心。一般不提倡用花型图案作为运动服的主面料，因为花型的杂乱会破坏运动员的形体线条，扰乱观众的视线。在设计中可适当地在运动服的领子、袖子、腰头等部位进行点缀。

③运动服的面料特点

在面料运用中，运动服装的面料选择因体育项目的不同而显出差异。一般运动外衣多选用尼龙、晴纶、涤纶或棉、毛等混纺织物。但有些运动服需根据项目的特定需要来选用，如游泳、跳水等服装要求尽可能减少运动阻力而采用合体贴身、富有弹性的"莱克拉"之类的聚氨基甲酸脂弹力纤维纱面料；摩托、汽车比赛服则应采用防火、耐磨材料；登山、滑雪等服装除需要面料有一定的耐磨度以外，还应具备保暖功能，如羽绒、中空涤纶等。

各种体育运动服大多已具备约定俗成的服装模式，在保证服装机能的同时，还应不断进行完善、改进，使之更舒适、合理及鲜明的个性特色。如图6-2-8至6-2-12所示是运动竞赛服装。

图6-2-9 羽毛球比赛服　　　　　　图6-2-10 赛车比赛服

图6-2-12 划艇比赛服　　　　　　　图6-2-8 篮球比赛服

（2）运动便服

运动便服是指人们从事体育锻炼或休闲时穿着的服装。一方面，随着全民健身热、体育热的蓬勃兴起，运动便服轻便、舒适、休闲的服装风格能充分体现出现代人所追求的阳光和运动的生活观念。另一方面，世界经济复苏带来了文化生活的改变，旅游热的不断升温，运动便服很自然地进入了生活装的行业。因此，这种带有运动元素的服装便更加流行和普及。

图6-2-11 棒球比赛服

运动便服是从体育服演变而来的便服。可以在日常生活中穿着，色彩和款式已变得更加活泼、自由，不受限制。同时，吸收了专业运动服材料和结构上的一些功能和特点。但是它们两者都有一个共同的特点：便于运动、保护肢体、易穿脱、通透性好、吸汗力强、色彩鲜艳对比强。

运动便服与体育运动服除服用功能不同之外，其款式、面料、色彩及装饰手法等也有较大区别。运动便服的设计特点如下：

①运动便服的款式造型特点

运动便服的款式造型特点是：简便、舒适、宽松合体，注重装饰性和趣味性。更多地结合了新一季流行元素，体现出动感和时尚两个方面，且款式大多采用松身紧口的形式。常见的款式有：T恤、裤装、褶裥短裙、连身裙、运动外套等。搭配运动休闲鞋、帽子、棉袜、背包、太阳眼镜等服饰配件，并运用色块镶拼、印花、装拉链、抽绳、镶条、绣花、滚边等工艺手段来丰富服装的视觉语言。

②运动便服的面料特点

运动便服的面料多采用松软的针织、全棉织物、羊毛织物和混纺面料以及质地柔软、通爽的鱼网布料(Mesh)等，以突出服装随意、休闲的特点。

③运动便服的色彩特点

运动便服的色彩配置，以鲜亮、明快的色彩为主。大多在局部运用对比色，表现青春活力。也采用含灰色调的配色，如中灰、蓝灰、米色等，显示知性、成熟；深色则显得沉稳、庄重，但局部会用浅色做点缀。如黑色运动便服会在衣袖和裤子的侧缝处装饰白色或粉色条纹等设计元素，以增强运动感。

运用便服设计一向以轻便、舒适及清爽为主。近年来，时装界掀起一轮运动热潮，许多服装品牌均以运动便服作为其设计主题，这种运动元素在服装界一直占有重要位置。因此，运动便服已成为流行时尚的一个重要组成部分。如图 6-2-13 至 6-2-16 所示是运动便服。

图 6-2-13 高尔夫服

图 6-2-15 登山服

图 6-2-14 露营服

图 6-2-16 晨跑服

2、时尚前卫休闲装：运用新型质地的面料，风格偏向未来型，比如用闪光面料制作的太空衫，是对未来穿着的想象，而镂空、流苏、做旧等细节设计这类服装惯用的设计手法，往往受到前卫、新锐的青年人的追捧。如组图6-2-17。

3、复古休闲装：这里指的复古是一种设计方向，它把从前在社会上有广泛影响和流行甚至被淘汰的设计样式和理念用于新产品的设计，使消费者从怀旧的情绪中产生对该产品和品牌的共鸣和认可，这就叫复古。复古与怀旧，有时候很难区分。怀旧是一种心情，复古是一种元素。具有复古元素的休闲装特点：构思简洁单纯，款式造型典雅端庄，强调面料的质地和精良的剪裁，显示出一种传统的古典美。在女装设计中常用到碎花、蕾丝、铆钉、细条纹等复古元素（如图6-2-18）。

4、民俗休闲装：巧妙地将民族服饰图案及蜡染、扎染、泼染、手绣等民间工艺应用于服饰设计中，使服装具有浓郁的民俗风味。这类服装款式造型简洁、宽松，突出局部的细节设计。但设计师应把握好装饰度，否则装饰性太强的话，不适宜在日常生活中穿用（如组图6-2-19）。

组图 6-2-17 新锐休闲服设计

图 6-2-18 复古休闲服

组图 6-2-19 民俗休闲服

（二）户外休闲服的设计要点

休闲装越来越成为现代都市生活的衣装。敏感的服装界,像雨后春笋般地涌现出许许多多的品牌休闲装。由于休闲装概念广泛、内涵丰富,除了上面几种类型外,它已被演绎成诸多风格、种类的日常装。如青春风格的休闲装,通常设计新颖、造型简洁,有粗犷的形象,塑造强烈的个性;浪漫休闲装,以柔和圆顺的线条,变化丰富的浅淡色调,宽宽松松的超大形象,营造出一种浪漫的氛围和休闲的格调;典雅型休闲装,追求绅士般的悠闲生活情趣,服饰轻松、高雅,富有情趣。但不论是何种风格的休闲服,设计师都应了解和掌握其设计要点。

1、款式造型

款式变化丰富、灵活,具有极强的适应性。几乎所有的服装基本外型和由基本外型演变的其他外型均可运用于休闲服的设计中;几乎所有的装饰手法和设计元素都能在休闲服装中体现。常见的服装款式有针织毛衣、休闲夹克、牛仔裤或裙、T恤、宽松式直筒裤、沙滩裤等。

2、装饰手法

常用的装饰手法有绣花、补花、抽□、花边、钩编、流苏、镶边、镂空等。服饰搭配随意轻松、活泼靓丽,如休闲挎包、护腕、休闲手表、太阳帽、太阳镜、运动便鞋等服饰。

3、色彩配置

户外休闲服在设计过程中,有些服装还应强化其功能性,在色彩、材料、造型等功能上有着不同的要求,尤其是运动便服,如登山、攀岩服装的色彩要有识别性,应采用高明度的鲜艳色彩,且封闭的造型结构能起到保护身体的作用。

4、服装材料:

常选用麻质、土布、纯棉、羊毛、帆布或化纤等织物。易洗耐磨、轻便的服装材料及背包、腰包、太阳镜、手套、便鞋等都是此类服装设计不可忽视的部分。同时,可以装扮出多种富有个性的风格,如田园浪漫风格、活泼性感风格、潇洒豪放风格等。

现今休闲服风格的体现不仅表现在服装本身所具备的休闲元素,同时,穿着方式的设计也能体味休闲风,如着正西装将衣领竖起,内露出衬衫衣角,搭配牛仔裤,以表现都市生活轻松、随意的一面。最近10年来,休闲服装已快速发展成为服装产业的新增点、人们衣着消费的新亮点、媒体关注的新焦点。由此可见,休闲服已触及到生活中的各个层面,是现代社会不可忽视的服装类别。

课后思考题：

1、简述家居休闲服和户外休闲服的分类。

2、简述运动服的设计要点。

3、设计两套家居休闲服,并贴面料小样。

4、设计两套运动服,并贴面料小样。

第三节 礼服设计

礼服亦称社交服,指参加婚礼、祭礼、葬礼等郑重的仪式时穿用的服装。从形式上,礼服可分为正式礼服和非正式礼服;从穿着时间上,礼服可分为夜礼服和昼礼服。从款式变化上,礼服依据仪式的种类或规模,以及社会习俗的不同而显出差异 ,如圣洁、甜美的婚礼服;高贵、典雅的晚礼服;华丽别致的鸡尾酒会服;庄重、内敛的访问服、学位服等。由于审美习惯的不同,不同地位、不同民族女性的礼服在款式、色彩、材料等方面会有较大的区别,但其表现高贵、庄重、华丽、大方的特点却是一致的。

以女士礼服为例,可分为婚礼服、夜礼服和昼礼服等。下面分别就其设计特点做详细介绍。

一、婚礼服设计

婚礼服主要用于结婚典礼,又被称作婚纱,主要是由于多用轻盈的纱绡类面料制作而得名。其造型瑰丽别致,娇俏轻盈,端庄秀美。婚礼服分西式和中式两种。如今,中国的新娘在婚礼上大多是西、中式礼服换着穿,既传统又现代。

（一）西式婚礼服设计

西式婚礼服来源于欧洲的服饰习惯。新娘所穿的传统连衣式裙装是一种领口密贴、下摆打开蓬起呈 A 字型的白纱礼服,起源于天主教的典礼服。尤其是古代欧洲一些政教合一的国家,人们结婚必须到教堂接受神父或牧师的祈祷和祝福,方能被公认是正式的合法的婚姻。所以,新娘要穿上白色婚纱以表示其真诚与纯洁。若是再婚,新娘则可以穿淡雅色调的礼服,以示区别。以后这种服饰便成为传统的结婚礼服。

西式婚礼服的设计要点:西式结婚礼服多采用古典正统的形式,从造型、色彩、材质等方面进行整体化设计。

1、款式造型上,多以"X"型为主,上身紧贴,腰部集褶,下摆呈 A 字型蓬起。裙长有普通长度和拖地裙摆两种形式。其结构变化主要集中在领、袖、下摆等部位。装饰手段多以蓬松、聚密的碎褶、蕾丝花边、堆花、刺绣、抽纱、钉珠、金银线绣等设计元素来突出服装的高雅华丽,使服装在白色调中形成了丰富的质感与肌理变化。头上戴帽或发饰,长头纱并配有手套(头纱和手套可长可短,量衣而定)。同样,作为婚礼服上重要"道具"的新娘手捧花和新郎襟花也应与服装完美搭配,方能显出其无与伦比的个性和品位。

2、色彩配置上,传统婚礼服为表示圣洁,多采用纯白色。既使是采用淡雅的浅色系,如粉红、粉蓝、粉黄等,头纱仍以白色为主。

3、面料运用中,多用绸缎、棱纹绸、蕾丝、乔其纱及有浮雕感的绣花织物,面纱常选用绢尼龙纱、薄纱、绢网等,增加一份神秘和浪漫(如组图 6-3-1 至 6-3-3)。

组图 6-3-1 西式婚礼服细节设计

组图 6-3-2 传统西式婚礼服

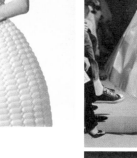

组图 6-3-3 创意西式婚礼服

（二）中式婚礼服设计

所谓中式婚礼服是在中国传统礼服—旗袍的基本形制上加入了富有中国传统特色的设计元素而形成的服装样式。从古至今，人们对于婚礼服的挑选都是非常慎重的。中国古代的礼服是大红色调的绣花裙装配上金钗、凤冠、霞帔等饰品与婚礼中敲锣打鼓的热闹气氛十分吻合，反映了中国特有的婚俗习惯。

中式礼服的设计要点：

1、款式造型主要以中式旗袍或袄裙为主，小立领、对襟或偏襟、布扣等都是中式礼服的主要特征。

2、色彩上运用中国红，寓意着喜庆、吉祥、美满、幸福。

3、面料多采用高级丝绸、金银丝织锦缎、古香缎、彩锦缎等。

4、装饰手法上常运用手绣(常用图案有代表着吉祥如意的凤、百草、花等)、嵌、盘、滚等诸多制作工艺,体现出中国传统婚礼服雍容、端庄、典雅、内敛、含蓄之美。而且,这种浓郁的中国元素越来越多地影响着西方服装设计师的设计观念,从旗袍的造型中提取的东方元素在他们的设计作品中屡见不鲜。如组图6-3-4、6-3-5是中式婚礼服。

组图 6-3-4
传统中式婚礼服

组图 6-3-5 中式元素时尚礼服

二、晚礼服设计

晚礼服亦称夜礼服或晚装。最初为西欧宫廷盛行的服饰,经过不断变化,现已发展成为晚间出席正式的宴会、舞会、庆典、酒会及礼节性交际场合穿用的服装。如参加奥斯卡颁奖典礼所穿的服装。

晚礼服的造型设计多采用传统与流行相结合的形式,着意于服饰风格的表露,注重肩、胸、背等部位的设计,以显示女性优美的颈、胸、背线条和美丽的肌肤。因此,晚礼服比日常服显得更为坦露、高雅、华丽,并带有很强的弦示性。

(一)晚礼服的设计要点

1、在款式造型上,晚礼服多为低胸或露肩、露背、露臂、收腰合体的□地长裙,表现出女性古典、成熟、高贵的气质。但随着当代服装休闲化的流行趋势,晚礼服也逐渐简化和随意化,与日常服相仿,可以是套装、连衣裙;可以是西装上衣配长裙、长裤;可以是超短裙;也可以是惊艳怪诞、极富个性和娱乐性的服装等。

裸露是晚礼服的重要特征,但其裸露程度应视着装环境而定,"越是高级的场合,暴露的就越多"。如在盛大的奥斯卡颁奖典礼等场合即可作最大限度的裸露。因此,越是在高级的具备安全的场合中,人们对美的追求的欲望就更强烈。所以,选择哪一款型的晚礼服需根据穿衣人的身份、年龄、气质、经济能力、衣着场合、社会地位等因素来决定。

2、在色彩配置和装饰上,晚礼服色彩搭配一般以纯色为主,大多采用中等明度和纯度的色彩或含灰色调的配色关系。即使是现代感很强的晚礼服的配色一般不超过三种颜色。亦可采用对比的色彩关系,利用色彩的明度和纯度、面积及形态等要素形成强对比效果,具有较强的视觉冲击力和艺术感染力。同时,在领部、前胸、袖口等饰以闪亮的珠宝、亮片、云母片等组成的各种花纹图案。配饰应简洁、名贵,如耳环、项链、发饰、钉宝石的丝袜、长短手套等,表现出礼服华丽、高雅的特征和极强的艺术欣赏价值。

3、在面料运用中,根据服装款式的需要,充分发挥面料的自然属性。晚礼服多用上乘的高级面料,如真丝缎、真丝绸、金银交织绸、蕾丝纱和具有浮雕花纹的织物等。而现代感强的礼服的面料选择余地更大。如用闪烁着金属般光泽的面料,有助于显示晚礼服的华丽感;悬垂性和弹性很强的针织面料,赋予礼服很好的品质;棉、皮革、毛、麻等质感的面料则赋予礼服不同的视觉感受。同时,质感对比强的面料搭配能使服装产生丰富的形式美感,如丝绸上衣与皮裤相配、轻柔的薄纱裙与厚重挺括的毛料上衣相配等。

4、在装饰设计上,晚礼服离不开各式各样的装饰设计。恰当的装饰能增强礼服整体形象的调配,使礼服显得更为雅致、高贵、和谐。常用的装饰手法有:褶裥、流苏、抽褶、蝴蝶结、荷叶边、手绘、刺绣、人造立体花等。值得注意的是装饰部位的选择。应根据不同礼服的风格造型及装饰图形的形态、材料和大小等来选择装饰部位。一般装饰在领、肩、袖、腰、背、下摆等部位。但装饰不宜过多,过于隆重、豪华,可选择珍珠及装饰性强的饰物。另外,在注意整体的同时,还应注意装饰与服装的主次关系(如组图 6-3-6、组图 6-3-7)。

组图 6-3-6 1950 年代晚礼服

组图 6-3-7 时尚优雅晚礼服

(二)晚礼服的缝制工艺表现手法

一款精致完美的晚礼服的表现,除需要有巧妙的设计构思和优质的面、辅料以外,精湛的缝制工艺也是礼服优良品质的重要保证。由于晚礼服的轮廓造型大多是以披挂式(此种服装保持了古希腊式简朴、随意、自然的风格。一般使用悬垂感好、柔软性强的绸缎、棉、麻、毛织物,采用披挂的方式塑上自然的褶裥。)复叠式(这种造型的裙子外部的形重叠盖住内部的形,层层相叠,具有节奏美,也称为"塔裙"。)和古典式(服装造型复古、夸张,如夸张胸、腰、臂等部位,使人体曲线凹凸有致、婀娜多姿。)等形式因素构成。然而,平面裁剪一般很难生动准确地体现其设计创意,因此更多是采用立体裁剪法,以收到满意的效果。

立体裁剪是用白坯布直接在人体模型上进行立体造型设计和裁剪的服装设计方法。它能够根据礼服款式的需要,一边操作,一边进行修改和添加,直至定型。尤其是对于一些结构奇特、形态复杂的礼服设计,如服装的凹凸、褶皱、浪势和复杂曲线等,用立体裁剪法就能游刃有余地予以表现。因此,它可以完全发挥设计师的空间想象力和创造力,是礼服设计的重要表现手段。

相对于其他服装设计类别而言,在礼服设计中服装的整体意识尤为重要,与服装相配的头饰、鞋、包、手套、首饰、化妆等部分都是礼服设计的重要内容,每一个细节设计都能增强礼服的整体感,从而丰富了服装的视觉效果。

随着东西方文化的日益交融,现代服装文化和服装设计的不断升华,使晚礼服设计逐渐简化了传统礼服复杂的分类,而日趋简洁、经济、实用、大方和张扬个性。同时,晚礼服的形式和风格可不受任何限制,有晚装日穿之趋势。

课后思考题:

1、简述西式婚礼服的设计要点。

2、简述中式婚礼服的设计要点。

3、简述晚礼服的设计要点。

4、设计一套现代感较强的晚礼服,并用立体裁剪的方式表现出来。

第四节 职业服装设计

职业服装是指在有统一着装要求的工作环境中穿着的服装,是根据不同职业、工种的需求而设计的以职业特点划分的功能性服装,是各种职业工作服的总称。英语称之为"uniform"。职业服的出现,最初是为了表示身份与阶级地位的排序,是阶级社会下的产物。当时的服装在款式、材质、颜色、图案等方面都有较严格的规定,如紫色属于高贵的色调,除了皇室及少数执行官员之外,任何人都禁止使用。所以,从服饰上即能判断穿着者的社会地位和阶级。相对于过去,现在的职业服已不再与阶级地位有关,而是学校、军队、机关团体、企业等组织,为了区别所属团体、突显职种、达到易于辨识的目的,而要求组织内成员穿着统一性服装。因此,职业装越来越具有专业化、制度化的倾向,从选料、用料、裁剪、制作到附件配件、外观式样,都是建立在对服装继承、变化推新和精心设计的基础上来完成的。随着中国现代化建设发展的需要,职业服装越来越受到重视,而且逐渐趋向生活化、时装化。由于其工作性质、工作环境不同,其职业服装的设计业呈现不同的要求。

一、职业服装的分类

按行业、工种和职业需求,职业服装可分为三大类:职业制服、职业工装和职业时装。

(一)职业制服

职业制服一是指在国家部门、机关里的工作人员统一穿的服装。如军队、国家公职人员、公安、检察院、法院、工商、税务、邮政、铁路等部门职员上班时所穿的服装(如图6-4-1、6-4-2)。这类制服一般是有关部门经过专门设计,符合国际和行业标准,并通过招标形式定制的服装。具有相对固定的服装造型和配饰,设计相对规范统一,标识性很强。

图 6-4-1 检察人员制服　　　　　图 6-4-2 护士制服　　　　　图 6-4-3 娱乐场所制服

二是指一般服务性行业,如银行、商店、宾馆、饭店等部门的工作人员,以及非服务性行业的员工上班时的着装。这类制服一般由本单位按行业要求来定制。其主要特点是可以随着时装的流行而不断注入时尚元素,是部门整体形象的重要组成部分(如图6-4-3)。

（二）职业工装

职业工装是按照工种或生产类别加以区分的，在工作或生产时能起到保护人体和体现部分功能性的作用。工装过去被称为劳保服，有工作服和防护服之分。如医院里的医务工作者、化工人员、清洁工等上班时所穿的工作服；核能研究所、传染病研究所、消防等特殊部门的工作人员上班时穿着的防护服都属于这类；而宇航员所穿的服装是经过特别研制的特种防护服，是功能高强的特殊形态的职业服装，具有防静电、防火、防水、防辐射、防油污等功能，是特殊环境下穿用的制服。职业工装既然要具有防护功能，那么其款式结构、色彩配置及服装材料的选择都应该围绕着这一目的而设计，这也是职业工装区别于其他服装的个性特征所在。另外，为突出职业工装的功能性，一些配套性的设计，如帽子、手套、鞋子也是为其特殊的功能服务的（如图 6-4-4 至 6-4-6）。

图 6-4-4 职业工装　　　　　　　图 6-4-5 航空服　　　　　　　图 6-4-6 防火服

（三）职业时装

职业时装是指从事办公室工作或其他白领行业工作时所穿着的普遍性服装，又称"办公服"。职业时装的设计特点是追求品位，用料考究，造型简洁、高雅，注重体现穿着者的身份、文化水准及社会地位。职业时装介于职业装与时装之间，它既没有时装的花哨和多变，也不如职业装那么正式。穿着对象多为公司的白领阶层，又以女装居多。与商务休闲装类似。在细节处理上可以注入当下的一些流行元素，如荷叶边、蝴蝶结、腰带、胸针、丝巾等，使服装既讲究文化品味，又能适合上班穿用。在色彩的配置上以中性偏灰色调为主。与职业制服相比，其面料更考究，做工更精细（如图 6-4-7）。

图 6-4-7 白领职业时装

二、职业服装的设计原则及设计要素

(一)职业服装的设计原则

职业服装是集实用性和审美性为一体的服装。相对时装而言,职业装对服装的实用性要求会更高一些,而对服装的审美性要求会要相对减弱一些。

1、职业性

职业,既是人推动社会发展的劳动分工,也是人赖以生存的谋生方式,其本身具有的劳动性质,需要在严格规范的前提下来获取一定的功效。职业装,通常应突出专业形象以及爱岗敬业、积极进取的精神风貌,着重突显企业凝聚力的优秀品质,并将衣着的式样与从事的职业有机结合起来,以便充分显示其独具魅力的工作特点。

2、标识性

职业服装中的标识性,极易反映有关职业的某种特性,即通过穿着的行为所表达的职业特征。很显然,衣着的标识意义在于能够区分不同的职业及职别,显示各种职业在社会中拥有的形象、地位和作用,并在引导激发员工对本职工作的责任心和自豪感的同时,征得来自社会的了解与评价,其广告宣传的标识用途是不言而喻的。

3、标准性

具有团体性质的公司、企业、商业、教育及医疗等行业,由于涉及广泛和复杂样的工作内容,所以是需要庞大的组织规模和奏效齐全的内部分工来操作运转的。因此,所属职员的服装穿着应遵循标准统一的程式,注意着装在色彩、款式、面料及配饰等方面的整齐协调,寻求表现正规严谨、视觉醒目的风格特征,便于行业部门的区别管理,也利于职业用装的批量生产。

4、实用性

穿着的实用性是职业服装中的最基本的特征之一。由于具体工作的穿用关系,需要服装具有舒适合体、穿脱方便、易于活动和适于工作等特点。职业服装的穿着目的是为了达到各种职业特定的环境条件及工作情形所需的着装要求,服装要通过舒适合理的衣着作用和防护性能,将员工的生理、心理调整到良好的状态,来进一步提高生产效率和工作业绩。实用性包括行业操作的便利性以及科学性。便利性有两个方面,一是利用特定的服饰形制,使部门之间、员工之间便于识别和协调,有利于行政部门的区别管理;二是便利和保护,发挥服装的机能性和科学性。如摄影爱好者所穿的摄影背心,在前胸和后背设计了很多大小不一的立体口袋,是为了方便穿着者放置相机或镜头、胶卷、电池等物品,是一款典型的以实用性为主要目的的服装。而特种功能的劳动服设计要突出其机能和用途,同时在考虑其方便、安全性设计时应结合人体工程学,从人体结构形态出发,方便身体的屈身活动。

5、审美性

职业服装除去围绕专属的工作性质来设置一定的穿着形式外,美观成分的添加也是不容忽视的。"工作着是美丽的"不仅仅体现在工作劳动本身,也反映在存有美感特征的着装表现上,甚至可以对日常的生活用装构成影响。审美性包括仪容性、象征性和装饰性。职业服设计要有相对明确的、统一的形制和标志。所以,在规定的形制下,考虑职业服装的款式、色彩及面料的审美性和装饰感,把握服装的易变性、多样性和制服设计中相对稳定性的要求很重要,在着装时,还需运用各种装饰和搭配技巧,达到美化职业形象的目的。而经过设计美化的工作用装,不仅能激发人们对本职工作的热情,还能增加视觉感官的愉悦,减少劳作的紧张乏味,缓解疲劳和压力,起到装点空间和环境的作用。如餐厅服务员和航空小姐的制服,在设计时除了要考虑其实用性的同时,更多地还是要考虑其审美性。因此,在设计时可加入一些如蝴蝶结、丝巾、胸花等显得甜美、有亲和力的设计元素来美化服装。同时,职业时装也是典型的以审美性为重要目的服装(如组图6-4-8)。

图 6-4-8 各类职业服装的设计风格

(二)职业服装的设计要素

服装设计的三大要素即服装的款式、色彩、面料,同样也是职业服装设计的三大要素。

1、款式设计

职业服装的基本款式以上、下装组合,适当配以马甲、披肩筹满足着装者的多样化需求,给着装者带来庄重、精神、干练等气质。现代的职业服装越来越呈现出新颖、时尚的外观效果,在款式设计上要求简洁、端庄、大方、合体。可以通过在外形基本不变的情况下改变服装的局部造型来产生新意(如图6-4-9);职业装的款式一般有衬衣、西装、西裤、西服套裙、马甲、夹克、中式服装等。西装、西服套裙一般适宜于办公室人员穿着。有时候,服务行业人员也可以使用。夹克一般可以用于车间作业或室外服务人员穿用。

图 6-4-9 职业服装的款式设计

以酒店制服为例。其款式变化的主要部位是:门襟、前胸、侧面、后背、肩部等处。这些部位的变化对于酒店服装风格的体现起到很大的作用。如:门襟设计有叠门襟、斜门襟、暗门襟、对门襟、拉链门襟等。这些传统门襟都对服装风格的塑造,尤其是对旅游型酒店制服的设计起到画龙点睛的作用。又如:前胸部位是服装造型设计的关键,尤其是女装更甚。各种省道的转换及各种胸部褶裥、胸部花色相拼等细节处理,都极大地丰富了酒店制服的设计形式。

2、色彩设计

职业服装的色彩以单色为主,且色彩的明度和纯度偏低,纯度中等的常用色居多,兼用同类色或无彩色与低纯度彩色组合,若是服装整体较暗,还可在局部搭配协调的亮色等。可运用同一材料不同肌理、不同色彩或不同材料同颜色的组合产生新颖的外观效果,让职业装显得生动而统一。总之,职业装的设计应力求严谨、简洁,避免因过分装饰而花哨、繁杂。

在职业服装的色彩设计中,应掌握的几种常用的配色方法,如同类色搭配、类似色搭配、互补色搭配、对比色搭配等。注意把握服装色调及色彩的情感,如色彩的冷暖、轻重、明快、软硬、忧郁等(如组图6-4-10)。下面以酒店制服为例介绍制服色彩的配置原则:

图6-4-10 职业装的色彩设计

A、因时制宜。

根据季节调换冷暖色调,冬季多用暖色,夏季多用冷色。因为暖色给人亲近感,冷色给人疏远感。如冬季职业装可选用红色、黄色为主调,会有温暖的感觉。而酷暑选用蓝色、绿色为职业装的主色调,会让人感到凉爽。

B、因人制宜。

因酒店的种类繁多,内部装潢各异,接待的客人也不尽相同,所以要根据酒店的不同等级选择适当的服色。如商务、休闲酒店应选择淡雅、柔和、庄重的色调,过多、过急的色彩会在一定程度上破坏酒店宁静的气氛;而旅游型酒店就可体现当地传统特色和民族格调。

C、因地制宜。

色调的选择还应根据酒店的环境及员工所处的环境来定。如客房服务员、前厅接待员的服装可采用与环境色一致的色系,给人以温柔、舒畅的感觉;餐厅员工可采用同类色或对比色调,给人以醒目、愉悦之感。

3、面料设计

职业服装在材料选择上要以经济为主。常选用化纤、混纺、毛料、斜纹棉等面料。厚重衣料适合粗犷的外形和有力度的线条,而轻薄、柔软的面料,则能体现出轻盈和曲线的线条,适合柔美的外形(如图6-4-11)。下面以酒店制服为例介绍制服面料的设计要求:

针织面料运用于度假酒店制服中有柔和、自然、亲切的感觉,但针织衣料易变形、退色,所以不易广泛应用;毛料柔和、稳重、挺括,适用于具有特权感的岗位制服,多运用于冬季制服(银行职员、白领等管理层职员),但价格稍贵。

图6-4-11 职业服装的面料设计

三、职业服装的设计步骤

职业服装公司在接到制服定制业务后,如没有制定合理的计划、科学的步骤、严谨的分析和总结,就不能保证该制服单的顺利完成。因此,有计划、按步骤、循序渐进地展开设计是职业装设计的成功保障。一般职业服装设计分如下几个步骤(图6-4-12):

(一)收集和了解背景资料

1、了解业务单位的视觉识别系统和企业文化。

2、了解企业各部门、工种的分类及各工种对服装的具体要求。

3、了解穿着者所处的室内外环境的设计风格和色调等。

(二)制定日程计划(包括日程安排、签订合同、面料采购、完成期限、交货日期等)

(三)制定设计方案

1、通过对背景资料的详细分析,确定制服的款式风格(包括工艺和细节设计)、色彩、面辅料及配饰(包括肩章、丝巾、领结、标志装饰等)的整体定位。

2、根据各部门和工种的差异,确定不同部门及男女制服的具体特征。

(四)筛选和修订设计方案

图6-4-12 职业服装的设计流程

（五）确定款式风格、色彩、面料并制作样衣

（六）让企业负责人根据样衣提出修改建议，调整，再进行样衣制作

（七）为企事业员工测量尺寸、号型归类

（八）打板、推板

（九）成衣加工、完成、送货。

由于经济的发展与社会进步，世界规模的职业装正在越来越为人们所重视，几乎所有经营者都意识到，工作人员穿上统一制服，有助于提高企业的整体风貌和文化形象，并间接反映出部门或行业的综合实力以及经营者的气度，对培养集体凝聚力和群众观念起到积极的作用。如今，像邮递员、医务人员被人们亲切地称为"绿衣使者"和"白衣天使"，这就说明了职业装在人们视觉印象中反复重叠而形成的文化元素，并逐步丰富了职业装的文化形象。

课后思考题：

1、简述职业服装的分类。

2、简述职业服装的设计要素和设计原则。

3、简述职业服装设计的步骤。

4、先进行市场调研，再为某酒店设计两套职业服装。

第五节 童装设计

童装即儿童服装，是指未成年人的服装，它包括从婴儿、幼儿、学龄儿童、少年儿童等阶段的着装。

由于儿童的生长发育很快，不论是从婴儿到幼儿、从小童到大童，在体型、智力及心理特征等方面，都有较明显的变化。因此，童装设计要求设计师不但要掌握不同时期儿童的体态特征（这是服装裁剪的依据）和心理特点，还需要了解父母的心理，使童装在追求舒适、方便、美观、实惠的基础上，对其功能性、实用性及美观性的定位更为明确。让童装成为帮助儿童发育成长的保健用品和培养儿童生活习惯的伙伴，使孩子们从小就受到美的陶冶。

下面将儿童不同年龄阶段的体型特征、服装设计要求及艺术表现做详细介绍。

一、儿童的体型特征及服装设计要求

（一）婴儿装

周岁前，这个时期的体型特征是头大身小、四肢短，骨□柔软。身高约为 4 个头长。此时期的婴儿睡眠时间较多，属于静态期。服装的作用主要是保护身体、调节体温。

服装设计要求：1、款式要求：服装款式造型要简洁、宽松，穿着舒适且方便穿脱。常见的款式有对襟衫、斜襟套装、开裆裤、抱裙、睡袋、斗篷及连衣连裤连袜的"爬爬装"等。避免使用过于复杂的工艺手段和装饰手法，如过多的分割线、扣袢、尼龙搭扣、金属拉链等装饰容易给孩子娇嫩的肌肤造成伤害。2、面料要求：面料以柔软、吸湿性强、透气性好的天然织物为宜，如棉针织物等。避免用化纤以及混纺面料。3、色彩要求：色彩一般以浅淡、柔和的色调为主，如粉红、奶黄、浅蓝等颜色。同时，可加少量点缀图案，显得纯洁可爱（如图 6-5-1 至 6-5-6）。

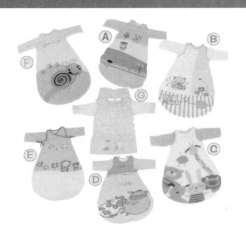

图 6-5-1 婴儿睡袋效果图

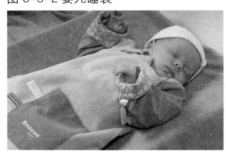

图 6-5-2 婴儿睡袋

图 6-5-3 婴儿「爬爬装」

图 6-5-4 婴儿内衣

图 6-5-5 婴儿开裆裤

图 6-5-6 婴儿连衣裤

（二）幼儿装

　　幼儿装是指1—6岁儿童穿着的服装。这时期的儿童身长与体重增长比较快,好动,思维能力在不断提高,属于动态期。身高约为头长的4—4.5倍。头大、颈短、肩窄、四肢短、挺腰凸腹,所以胸、腰、臀等三个围度尺寸差距不大。这个时期也是孩子的心理发育时期,因此,要适当加入服装品种上的男女倾向。设计时还要考虑安全和卫生功能。

　　服装设计要求:1、款式要求:服装宽松、舒适、活泼、穿脱方便,服装的结构设计也基本上没有省道处理。幼儿女装外轮廓多用Ａ型,如连衣裙、针织毛衫、小外套等。幼儿男装外轮廓多用Ｈ型或Ｏ型,如Ｔ恤衫、灯笼裤等。值得注意的是,裤腰头、衣服下摆不宜全装松紧带,可在侧面装一截松紧或用罗纹来替代。这是因为裤腰、裙腰全部装过紧的松紧带,会使孩子腰部产生勒痕,而衣服下摆全装松紧带的话,活动时衣服容易上提,孩子的腰腹部会凉在外面,容易着凉。因此,设计时只有时刻体现人性化的关怀,才会有持久的市场。

　　局部可采用动物或文字等刺绣图案。口袋的设计是服装的趣味中心。2、色彩要求:色彩以鲜艳色调或耐脏色调为宜。3、面料要求:面料多采用柔软、吸湿、舒适的高支纱针织面料如纯棉、棉麻混纺、丝棉混纺等,外衣也可选用柔软易洗的化纤面料(如图6-5-7至6-5-11)。

图 6-5-7 女童连衣裙

图 6-5-8 男女幼童园服

图 6-5-9 幼儿棉外套

图 6-5-10 男童夏装

图 6-5-11 幼儿系列服装设计

（三）学童装

6—11岁的学童装又称大童装。此时期的儿童发育成长速度最快，一年约增长6cm左右，身高为头长的5—5.5倍，体型变得匀称。学童期智力发育很快，有一定的思维能力和模仿能力，对美的敏感性增强，对服装的选择有自己的爱好和主见。在服装装饰上应配上有时代精神或有教育意义的图案，以启迪、引导知识的作用。

服装设计要求：1、款式要求：服装的功能性和美观性相结合是这一时期童装的典型特点，造型宽松、舒适、便于运动，款式多具有可调节性和组合性，大多以H形、A形为主，有T恤衫、针织套头衫、背带裙、背带裤、A形裙等款式。这时期的男女童装不仅在品种上要有区别，在局部细节设计上也要体现出男女差异。要注意的是，图案点缀仍然是服装的主要装饰手法，但图案的纹样不宜用过多的写实动物形象，以免显得过于稚嫩。2、色彩要求：配色要求与成人服装一致，可以强调对比关系，变化多样。3、面料要求：由于此时期的孩子活动量较大，因此，外套可选用质地轻、牢，容易去污，易洗耐磨的化纤、混纺面料。但贴身的衣物仍以针织棉织物为主（如图6-5-12至6-5-14）。

图6-5-12 学童校服（一）

图6-5-13 学童校服（二）

图6-5-14 学童休闲装设计

（四）少年装

12—15 岁的少年身高为头长的5.5—6 倍,体型变化很快,性别特征明显,胸、肩、腰已逐渐起着变化。女孩胸部渐隆起,骨盆增宽,腰部显细。男孩肩部增宽,臀部相对显窄。

服装设计要求:

1、款式要求:造型介于青年装和儿童装之间,不大有自己的特点,成人化设计元素开始渗透到服装的细节设计中。图案类装饰大大减少,局部造型以简洁为主。2、色彩要求:服装色彩向成熟稳健的搭配形式转变,主色调以灰色调为主,亮色系多数作为配色在局部进行点缀。3、面料要求:除贴身衣物用棉织物,其他多采用化纤织物,经济实惠。这个时期的儿童主要是以学校为主的集体生活。校服成为他们的常服(如图 6-5-15 至 6-5-17)。

图 6-5-15 少年校服设计图

二、童装造型设计的艺术表现

（一）突出儿童的心理与生活特点

突出儿童的心理及生活特点,童装设计师所要遵循的一个设计原则。童装不是成人衣服的缩小版,在设计时除了要充分体现童装的实用性之外,还要根据男女儿童的生性特点来考虑童装的趣味性,如女童大多生来文静,喜欢花草、毛绒玩具、卡通等,在服装设计时可根据女童的这种心理,用花草、卡通图案或立体的绒毛娃娃等来做装饰。而男童则生性好动,喜欢踢球和玩弄汽车、飞机、枪炮等玩具,在童装设计中应考虑装饰这方面的图案,使孩子们从小就能从服装中得到美的熏陶。

图 6-5-16 少年校服成衣

图 6-5-17 少年休闲服

（二）注重色彩的运用

色彩的搭配在童装设计中占举足轻重的位置。色彩配置的合理与否，直接影响到整体设计效果。应依据儿童各个不同时期的心理特征和生长特点来搭配童装的色彩，鲜艳、明快、协调的配色是童装设计的总体搭配原则，如柔和的粉红、果绿、中黄、茜红等颜色的服装使孩子们穿着后更显活泼、可爱。同时，设计时还应时刻紧跟流行色的变化而变化（如图6-5-18、6-5-19）。

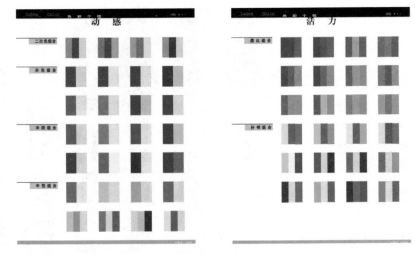

组图 6-5-18 色卡

组图 6-5-19 鲜艳明快的服装配色

（三）注重服饰配件设计

儿童服装的服饰配件不仅能起到保护儿童的身体的作用，还能起到较强的装饰作用。因此，服饰配件设计在童装设计中是不可或缺的服装品类。常见的服饰配件有：童包（以背包为主）、帽子、手套、袜子、鞋子、口水兜、围兜等（如图6-5-20 至 6-5-22）。

图 6-5-20 童帽设计

图 6-5-22 婴儿口水兜设计

图 6-5-21 童鞋设计

（四）注重装饰手法

服装离不开装饰,就如同房子要漂亮不能不装修一样。在童装设计中更应注重装饰手法的运用,如各种各样的印花、绣花图案、花边、蕾丝、镶边、包边、分割、拼贴等装饰手法,不仅能增加童装之美,还可以使儿童从服装上认识和了解大自然中各种有趣的动物、植物图形,从而增长了知识。如一件造型普通的外套,如果在其前胸或后背、口袋等处加上动物、卡通、花卉等图形,就会使原本单一服装显现出迥然不同的装饰效果。童装装饰除了运用动物、花卉图案做点缀之外,还可采用阿拉伯数字、拼音字母、外文字母以及一些爱祖国、爱科学、爱劳动等有教育意义的图案, 以培养孩子们浓厚的学习兴趣,起到了开发智力和引导知识的作用（如图 6-5-23、6-5-24）。

另外, 纽扣的装饰作用也不能小觑, 一粒小小的纽扣往往能起到画龙点睛的作用。如在女童白衬衣上钉上苹果、草莓或动物形状的纽扣,能增添童趣。

（五）注重实用性

童装设计除了要注重儿童的生理、心理特征以及色彩和装饰之外, 还要注重服装的实用性。只有将这些设计因素有机地结合起来,才能完整地设计出童装。如设计裤子时,可考虑裤子的功用性。在裤子上用拉链进行分割, 儿童可根据季节的不同将裤子变长或变短,像玩魔术一样,不仅实用性增强,还增加了儿童的穿着兴趣。以此类推,儿童上衣的下摆、衣袖、裙子的下摆等处也可以装活动式拉链或纽扣,随时可变长或变短。另外,多式多样的口袋设计,既实用又有较强的装饰性,是儿童的最爱,因此在童装设计中也是不容忽视的细节表现。

图 6-5-23 胶贴图案的类型

图 6-5-24 胶贴图案在童装上的装饰

课后思考题：

1、简述儿童各个时期的生理和心理特征。

2、简述童装造型设计的艺术表现形式。

3、掌握童装的装饰手法,并设计两个适用于童装设计的卡通图形。

4、设计两款婴儿睡袋。

5、设计中学校服,男女各一套。

第六节 针织服装设计

比起全棉系列的温文尔雅和正装系列的端正严肃,针织服装表现出夸大、新颖的全新质感,新型面料技术实现了针织廓型更多的可能性,与各种材质的混搭组合,使得针织无论在街头摇滚、摩登中性,还是性感华丽的风格中都能信手拈来。针织服装具有透气滑爽、穿着舒适的特点,近年来在市场上颇为走俏。

常规的服装面料按纤维的织造方式分为梭织和针织两大类。由于针织材料是以弯曲的线圈作为基础组织并重复串套连接织就,因此针织物更具有柔软、舒适、适体的特性。同时,也更富有弹性、透气性、伸缩性、悬垂性以及产量高、流程短、可直接获得成形品等特点。

针织工艺在我国具有悠久的历史,早在两千多年前先人们就已经掌握了基本的针织技术。至 1589 年,手摇式针织机的发明为针织服装的发展与普及起到了关键作用,为针织服装从手工化作业转化为成衣化流水生产提供了技术保障。

在服装发展史上,针织服装最初是以内衣的形式出现的。而使针织服装外衣化、时装化和系列化的观念被更多的人所接受则源于服装大师夏奈尔的创造性设计。20 世纪前叶,具有叛逆精神的夏奈尔将作为内衣的羊毛针织衫进行大胆改造,推出了作为外套出现的羊毛针织运动服,在服装界引起了极大的轰动。此后,意大利的著名服装设计师安琪拉·米索尼对针织工艺的独创性的开发,进一步强化了针织服装的表现力,从而使针织服装这一曾经长期被忽视的设计品类开始被更多的服装设计师所关注。而今,随着针织业的发展以及新型整理工艺的诞生,使针织物的服用功能大为改观,针织服装已成为人们日常生活中不可或缺的服装品类。

一、针织服装的主要材料

服装用的天然纤维、化学纤维、混合纺织纤维等都可以用于制作针织物。换句话说,所有的纱线或线状材料都可以用针织工艺加工。一般来讲,针织服装设计中运用最普遍的材料主要有毛线、棉线、绒线、腈纶线、丝线等。

1、毛线

毛线是指以某种动物的毛为主要原料纺织成的服装用线,有绵羊毛、兔毛、马海毛及混纺毛线等。毛线因为保暖性能好被普遍用于秋冬季针织毛衫和外衣设计中。

2、棉线

棉线是以棉花为原料纺织成的服装用线。由于棉线在舒适性、透气性和吸湿性等方面具有优势而被广泛用于内衣设计中。

3、绒线

指以动物皮表层的细小的绒毛为主要原料纺织成的服装用线,也包括绒和其他纤维混纺的线,具有舒适、轻薄、柔软、保暖性能好等优点,但价格相对较高,因此多应用于高档针织服装设计中。

4、腈纶线

腈纶材料是以丙烯的聚合体为主要成分的合成纤维,具有良好的弹性与保暖性能,其蓬松度也优于羊毛,但吸湿性能相对较差,易产生静电。腈纶线的耐光性能好,可以染上纯度非常高的颜色,并能够保持艳丽的色泽。

5、丝线

丝纤维悬垂性和吸湿性俱佳，是天然纤维中品质优良的动物性长纤维。丝质材料由于质地凉爽而被广泛用于夏季服装设计中（如图6-6-1）。

以上是从材料构成的角度介绍了针织服装设计中运用最普遍的几类纱线。此外，还有麻、腈纶、涤纶等天然纤维和化学纤维混纺材料。而按纱线的形状可把纱线分为常规纱线和花式纱线。常规纱线指运用常规纺纱方法制造的具有均匀的外观特征的纱线，而花式纱线则是指运用特殊的异性纤维纺成的，或运用特殊的纺纱方法纺成的具有特殊外观的纱线，如竹节纱、膨体纱、毛圈纱等。这些新的特殊造型的纱线对于丰富针织服装的设计语言具有非常重要的作用。

图6-6-1 各色针织纱线

二、针织服装的分类

按照服装的功用，针织服装可分为针织内衣、针织毛衫、针织外衣和针织配件等类别。

图6-6-2 情侣针织内衣　　　　　　　图6-6-3 女性针织内衣

1、针织内衣

是指穿在外衣里面、紧贴肌肤的针织服装。有上下装之分，通常下装又叫内裤。由于针织材料的适型性、透气性、吸湿性好，弹性强，且柔软、轻便，所以在内衣设计中大多数运用了针织材料。针织内衣按用途常分为三大类，即普通型内衣、矫正型内衣和装饰型内衣。

针织内衣常用的材料有全棉、棉与化纤交织针织面料、羊毛、羊毛与化纤交织针织面料、丝质针织面料等。在针织内衣设计中，当强调内衣的装饰性时，可在局部适量地使用蕾丝等化纤混纺面料（如图6-6-2、6-6-3）。

2、针织毛衫

针织毛衫是指羊毛、兔毛、马海毛、驼绒等各类毛纱线或毛型化纤纱线编结的服装，俗称毛衣。由于毛衫具有较强的保暖性和装饰性，因此是针织服装中一个重要的品类。

针织毛衫分手工和机织两大类。手工毛衫的编结和钩编针法灵活多变，款式造型和图案设计更具个性化。同时，手工编织和钩编针法两者结合的毛衫也别具风味。但手工编织毛衫效率低，成本较高。而机织毛衫是通常在平型纬编机、单排机、双排机、提花机等机器上直接编织成衣片，然后缝合形成毛衣，一般不需要经过裁剪。机器生产毛衫效率高,成本相对较低。组图6-6-4时尚针织毛衫设计。

组图6-6-4 时尚针织毛衫设计

3、针织时装

随着针织技术的发展,针织服装越来越受到人们的青睐,并以其独特的造型,向外衣化和时装化发展。针织时装的范围非常广泛,款式紧跟流行,时髦多变,风格多种多样的,有粗犷休闲的,典雅实用的,细腻优雅的,简单纯洁的或花哨活泼的风格。品种也是极为丰富,款式、色彩、图案、针法可随季节和流行的变化而不断更新。

针织时装在面料的选材上对舒适性要求不是很高,选择的空间很大,一般来说,除了高档时装中运用羊毛、羊绒或羊毛羊绒混纺材料外,大多用天然纤维与化纤混纺、化纤纯纺或交织的针织花色布等。如设计紧身适体的、充满动感的针织时装,可选择弹性好的面料;而当设计职业类针织正装时,要求面料挺括、不易变形,在设计时应采取一定的措施,如分割、辑明线、镶拼、加衬等来克服面料易变形的缺点。如组图6-6-5为针织时装设计。

图6-6-5 针织时装设计

4、针织配件类

作为与针织服装或其他时装配套之用,针织配件具有不可或缺的作用。尤其在年轻活泼的休闲服装搭配中,针织配件几乎成了必备品。主要包括:针织帽、针织围巾、针织手套、针织袜、针织鞋套、针织包袋等。如图6-6-6

至 6-6-8 为针织配件设计。

图 6-6-6 针织包

图 6-6-7 针织鞋

图 6-6-8 针织帽

三、针织服装的制作方法和特点

由于不同的工艺和针法可以塑造出形态各异的肌理效果,而针织服装设计正是发挥不同肌理的优势来表现不同设计风格的服装。因此,了解和掌握针织服装的特点、工艺和不同的针法是设计针织类服装的基础。

1、针织服装的制作方法:

针织服装的制作方法主要有两种:一种是裁剪缝纫法。即先织出针织坯布,然后经过裁剪、缝制等工艺加工成服装。如针织内衣、针织衬衣等服装大多采用这类方法;另一种是衣片编织法。即在织造过程中依靠加针、减针等方法直接织出成型或半成型的产品(如毛衣的衣片、袜子、手套等),再对织出的半成品的边缘进行编织缝合。

正是由于有这些特殊的工艺特点,所以决定了针织服装简洁和概括的造型结构。

2、针织服装的特点:

由于针织物是由线圈相互穿套连接而成的织物,其特殊的工艺特点,使针织服装具有如下性能特点:有良好的伸缩性、透气性、适型性、遮盖性;有良好的褶皱恢复性;保温性好(秋冬装),散热快(夏装)。同时,针织服装还具有卷边性、脱散性、尺寸不稳定性、回缩性、易勾丝和起毛、起球等。设计师在进行针织服装设计时尤其要注意针织物的这些特性,以免影响成衣的功用、美观和销售。

四、针织服装的设计要素

由于针织面料具有机织面料不同的服用性能和外观风格,因此在造型、装饰和工艺手法上均与机织面料有所不同。针织服装常用的设计手段和方法有如下几种:

1、利用机械设备

运用提花机、电脑自动横机等多种机械手段,能使服装的配色、图案纹样设计等产生千变万化,大幅度地提高了针织成衣设计和生产的效率(如组图6-6-9)。

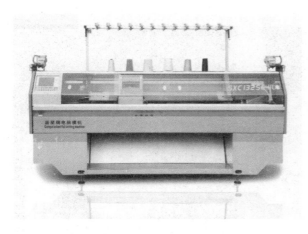

组图6-6-9 横针织机

2、利用印染、手工艺技术

利用各种印花专用染料、涂料通过印花、扎染、蜡染、润染、手绘等工艺将图案作用于针织服装上,能起到较好地装饰、点缀和强调服装形式感的作用,如组图6-6-10是用印花工艺表现的针织服装。

组图6-6-10 印花针织服装

3、利用裁剪进行款式变化

针织服装一般是直接成形,不用剪裁。但高档的流行款式,由于款式结构变化较大,因而得体的裁剪和精细的缝制工艺能使针织服装紧贴潮流。

4、利用不同材质进行交叉运用

即在同一件服装上用两种或两种以上不同质地和不同色彩的材料,交替使用或镶拼织造,如羊毛和兔毛、丝光线和棉线等混合使用,形成强烈的对比效果。

5、利用丰富的工艺手段进行装饰

装饰工艺一般有有虚线提花(成衣的装饰图案背后带有虚浮线。由于是双层纱线,因此,这种装饰工艺其图案花纹较为厚实,花型丰满。色彩变化自如,形式上有一定的自由度。但用料多,重量大,一般用中低档原料。)和无虚线提花(成衣的装饰图案背后不带虚线,这种装饰工艺其成品的份量轻,花形和色彩的变化丰富,但功效低,常运用于一些高档轻薄型及夏装针织品之中)。

　　装饰手法有手工绣花、电脑绣花、绳绣、钉珠、烫珠、挑花、补花等进行装饰;在局部加饰蕾丝、绸缎、皮草等也有较好的装饰作用;还可以点缀一些绒球、立体花形;装饰云母片或各种宝石等来强化针织服装的造型风格;运用空花、绞花、搬花等多种组织纹路来构成图案花纹的凹凸起伏的装饰效果,并使针织服装产生丰富的视觉肌理和触觉肌理(如图6-6-11至6-6-14)。

图 6-6-12

图 6-6-11 各种针织肌理

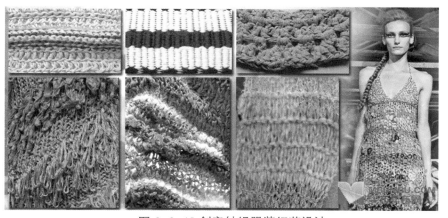

图 6-6-13 创意针织服装细节设计

图 6-6-14

　　另外,科学技术的提高,大量的新型针织材料、新工艺被开发出来,为针织服装提供了无限发展的可能性,有利地促进了针织服装的新造型和新风貌,使针织服装的造型更具有实用价值和审美价值。

课后思考题:

　　1、针织服装的制作方法主要有哪些?

　　2、针织服装的设计要素有哪些?

　　3、设计并制作一件针织饰品。

　　4、设计一款针织时装,并详细说明其装饰工艺。

第七节 创意服装设计

一、创意服装的概念

何谓创意：创意是新奇的、独创的一种创造性意识。在英文中，"创意"一词是"Creativity"、"Idea"。通俗的讲：创意就是新颖、新鲜、新兴。在服装艺术设计中，

创意服装就是在服装构成或设计上的富有创造性的意念，它包含着不断地创新、创造的过程，设计的宗旨就在于"新"。设计者只有形成了创意习惯，才能达到服装创意如泉涌的境界。

二、创意服装设计作品应具备的条件

创意服装设计是设计师自我价值的体现。设计师把时尚元素与文化内涵融入到设计作品中，以达到服装作品创意的新颖性与独创性。

（一）题材上是否有创意

创意服装设计的选题很重要。对于表现设计主题，出乎意料的题材是出奇制胜的高招，即使有时找不到新颖的题材，则应在以往题材上追求表现形式的突破，并寻找设计题材与形式的最佳结合点，以丰富服装的形式和内涵。同时，作品要求切合主题，构思奇特，力求创造出令人耳目一新的作品。

（二）个体变化是否丰富

在系列设计作品中还应考虑单套服装的变化。因为，没有个体（单套）的精彩就不会有整体服装的完美。尤其在造型设计上，因创意服装不象生活装那样追求具体的形象和实用功能，所以可以竭尽设计的新奇怪异之能事，且造型一般以大体积、打破常规为宜，要求整体感大气。因为往往有些设计师过分注重造型设计，而模特穿着这样的服装根本都不能迈步，也就失去了服装的动态展示功能。

（三）材料及配色是否新颖服装选材应根据设计主题和题材的内容来选定。在所有服装类别中，创意服装的选材范围最广泛，如塑料品、钢丝、PVC 薄膜、玻璃品、金属品等非服用材料也经常被运用到设计中。总之，材料在追求创新的同时还应注意合适。服装配色要注重时代气息和视觉冲击力，虽不以火爆刺激为唯一途径，但如何使配色效果打动受众是重要因素。

（四）系列群体是否完整

即要求服装作品的整体系列感统一、完整，配套性强。使作品具有强烈的视觉冲击力和艺术感染力（如图 6-7-1、6-7-2）。

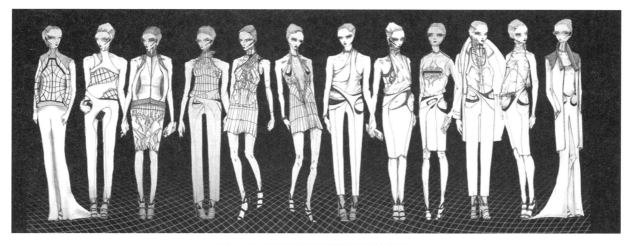

图 6-7-1 系列创意服装设计效果图

图 6-7-2 系列创意服装设计成衣（以破碎的墙壁和玻璃作为灵感来源）

三、创意服装设计的基本构思方法

成功的设计源于构思。构思是设计过程中最为重要的环节，它包括确定服装的造型与色彩、选择合适的面料与辅料、考虑对应的结构与工艺以及设想样衣的穿着效果等在大脑中完成一套新的服装所需要的各个环节。这里介绍两种创意服装设计的基本构思方法：即从整体到局部和从局部到整体的构思方法。

（一）从整体到局部的构思方法

在创意设计过程中，从整体到局部的构思方法往往以"主题构思"体现最为突出。即从设计主题出发，再考虑服装的局部（指具体的款式结构、用色、材质、图案、装饰语言、穿着方式、工艺等），然后再将这些局部放到整体（主题）中考量看是否合适。

那么如何确定设计主题便成为这种构思方法的关键所在。所谓主题，即是对设计作品的整体设想，也是作品的核心。因此，在设计工作中选择设计主题非常重要，只有对主题的构思明确，才能找到设计的准确定位。主题不明确就匆忙上阵,说明设计师缺乏主张或尚未成熟。而设计主题的获得一方面是设计师灵感的闪现和知识的积淀;另一方面来自于命题,如参加服装设计比赛时,主办方往往会为参赛者指定一到两个设计主题。当设计主题确定之后,设计师如何展开独特的视角及如何运用自己独特的设计语言来表达具有个性化的设计内容,是创意服装设计过程中首要解决的问题和思维训练中最为关键的一步(如组图 6-7-3)。

图 6-7-3 主题为《非洲小丑》的服装设计

另外,从整体到局部的构思方法还可以广泛地应用于服装款式造型的设计中。例如:运用同一种服装外形(可看作整体)而进行不同的内部结构变化或局部细节变化,再将之放入整体中看是否得当。

总之,一切从主题出发并服务于主题是任何艺术设计中贯穿始终的宗旨,是所有设计元素构架组合后传达出来的设计理念。

(二)从局部到整体的构思方法

从局部到整体的构思方法一般没有明的设计主题,往往是从服装的一个局部出发,然后放大到整体设计中的一种构思方法。这里所指的局部,它可以是领子、袖子、口袋等服装的具体结构,也可以是皮带、帽子、首饰、包袋等服饰配件,还可以是面料的质感或纹样以及装饰细节等等。同时,这里所指的整体除了是整体服装以外,还包括服装的设计主题。

前面所讲的构思方法是先有设计主题,后展开细节设计。而这里是指先以服装的局部细节作为切入点,再找到一个与之相匹配的设计主题。

总之，在创意设计过程中，某一个细小的点都可以激发设计师的创作灵感和想象力，并由这些细小的点展开一系列的主题设想(如图 6-7-4)。

服装设计是一种创造性的思维活动，这种创造性的思维具有连动性、多面性、跨越性、独立性及综合性等特征，它既需要宏观整体设计的思考，也要求微观具体设计上的构思。总之，无论使用哪种构思方法，设计师都应处理好整体与局部的关系，把握整体美在设计与构思中的重要作用。同时，构思的过程往往是以草图方案记录，方案越多越容易从中筛选出结果，并进一步拟定设计方向以进行深入设计。

四、创意服装设计的实践与应用

创意服装设计从灵感的获得到整理，从构思到确定主题，从绘制效果图到成品制作，这个蜕变的过程对于设计师来说是很辛苦的，但也是快乐的。

下面这些作品事例，主要通过设计效果图与成品图的比对，具体阐述创意服装设计的创新与实践过程(如图 6-7-5 至 6-7-8)。

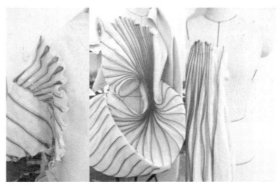
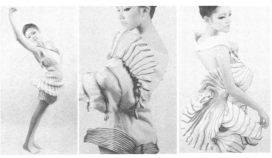

图 6-7-4 主题为《转折》的服装设计(灵感来源与菌类植物和拉链元素)

衣·鳞

图 6-7-5 创意服装设计效果图(一)

图 6-7-6 创意服装设计效果图(二)

图 6-7-7 创意服装设计效果图(三)

The Magic of The End of Century

图 6-7-8 创意服装设计效果图(四)

图书在版编目(CIP)数据

服装设计理论与实践 / 肖琼琼,肖宇强主编 . —合肥:合肥工业大学出版社,2014.8 (2019.2重印)
ISBN 978 - 7 - 5650 - 1771 - 1

Ⅰ.①服… Ⅱ.①肖…②肖… Ⅲ.①服装设计 Ⅳ.①TS941.2

中国版本图书馆 CIP 数据核字(2014)第 048226 号

服 装 设 计 理 论 与 实 践

肖琼琼　肖宇强　主编　　　　　　责任编辑　王　磊

出　版	合肥工业大学出版社	版　次	2014 年 8 月第 1 版
地　址	合肥市屯溪路 193 号	印　次	2019 年 2 月第 2 次印刷
邮　编	230009	开　本	889 毫米×1194 毫米　1/16
电　话	总　编　室:0551—62903038	印　张	8.5
	市场营销部:0551—62903198	字　数	255 千字
网　址	www. hfutpress. com. cn	印　刷	安徽联众印刷有限公司
E-mail	hfutpress@163. com	发　行	全国新华书店

ISBN 978 - 7 - 5650 - 1771 - 1　　　　定价: 48.00 元